U0805612

能力培养型生物学基础课系列实验教材

分子生物学及基因工程实验教程

（第四版）

刘　箭　吴春霞　主编

科学出版社
北　京

内 容 简 介

《分子生物学及基因工程实验教程》介绍了常用的分子生物学和基因工程实验技术。本书在第三版的基础上，增加了 TOPO TA 克隆、无缝克隆、发光法检测萤光素酶和烟草瞬时转化等内容，同时修订了部分实验。全书分为三个部分：第一部分为基础性实验，介绍一些简明、独立、可操作性强、实验结果明显、成功率高的实验方案，一般情况下每个实验可在半日内完成，因此特别适用于本科生实验教学；第二部分为综合性实验，实验略微复杂，适用于有一定基础的高年级本科生实验教学；最后一部分为研究性实验，为培养学生独立科研的能力，提供了更加贴近科研工作的实验方案。

本书不仅可以作为高等师范院校生命科学及相关专业的实验教材，也可供非师范院校相关专业师生和研究人员参考。

图书在版编目(CIP)数据

分子生物学及基因工程实验教程 / 刘箭，吴春霞主编. -- 4 版. -- 北京 ：科学出版社，2025. 5. --（能力培养型生物学基础课系列实验教材）. -- ISBN 978 - 7 - 03 - 082144 - 7

Ⅰ. Q7 - 33

中国国家版本馆 CIP 数据核字第 2025AF3812 号

责任编辑：朱　灵 / 责任校对：谭宏宇
责任印制：黄晓鸣 / 封面设计：殷　靓

科学出版社 出版
北京东黄城根北街 16 号
邮政编码：100717
http：//www.sciencep.com
南京展望文化发展有限公司排版
上海锦佳印刷有限公司印刷
科学出版社发行　各地新华书店经销

*

2008 年 4 月第　一　版　开本：B5(720×1000)
2025 年 5 月第　四　版　印张：7 1/2
2025 年 5 月第二十六次印刷　字数：135 000

定价：45.00 元

（如有印装质量问题，我社负责调换）

能力培养型生物学基础课系列实验教材
专家委员会

主 任 委 员： 杨桂文

副主任委员： 郭善利　张洪海　黄加栋　李荣贵

委　　　员：（按姓氏笔画排序）

王　君（滨州学院）　王仁君（曲阜师范大学）
王玉海（枣庄学院）　王学斌（临沂大学）
李师鹏（齐鲁师范学院）　李建奇（菏泽学院）
李荣贵（青岛大学）　杨广成（泰山学院）
杨桂文（山东师范大学）　何文兴（济南大学）
张兴晓（鲁东大学）　张洪海（曲阜师范大学）
张鸿雁（山东师范大学）　赵　强（济宁学院）
赵振军（烟台大学）　贾泽峰（聊城大学）
郭善利（青岛农业大学）　黄加栋（济南大学）
曾强成（德州学院）

《分子生物学及基因工程实验教程》
（第四版）编委会

主　编： 刘　箭　吴春霞

副主编： 曹雪松　宿红艳

编　者：（按姓氏笔画排序）

马秀灵　尹海波　叶春江　冯永永

刘　婧　刘　箭　刘春香　杨贤鹏

杨东英　肖　波　吴凡林　吴春霞

孟小倩　郗冬梅　黄会明　曹雪松

宿红艳

从书序

“能力培养型生物学基础课系列实验教材”自 2004 年出版以来，已经历两次修订再版，走过了 20 年发展历程，成为全国高校生命科学专业实验教学的重要资源。

作为我国首套系统性的生物学基础课程实验教材，该系列自诞生之初便坚持以培养创新型人才为核心指导思想，始终把握时代脉搏，通过不断改进，推动实验教学创新发展。在本次修订过程中，编写团队秉持“传承与创新”的指导思想，深入总结教材过去版本之所长，并结合教育和学科发展的最新需求，进行全面优化。本次修订不仅是一次内容的更新，更是一场学术传承与思想的升华之旅，力图在保持教材优良传统的基础上，进一步深化创新，以适应新时代的教育目标。

首先，在实验教学体系构建上，教材延续并完善了“基础—综合—研究”三个层次教学结构。2004 年，随着教育改革的深化，这套教材率先在国内提出了“基础性、综合性、研究性”递进式的实验模式。这一设计不仅通过基础性实验夯实了学生的实验基本功，还通过综合性实验提升学生独立操作与分析能力，再通过研究性实验鼓励、引导学生进行创新实践和科学探索。20 年来，这一模式在高校实验教学中被广泛认可，并为国内生物学实验教材树立了新标准。本次修订，编写团队在保持这一结构的基础上，优化了各层次内容的内在联系和递进设计，使之更加适应学生的实际需求。

其次，教材的系统性和实用性得到了进一步强化。作为我国生物学基础实验的代表性教材,编写团队在编写过程中始终注重跨学科协作与系统整合,避免低层次内容重复,形成了科学严密的知识框架。同时,教材的可操作性经过教学实践的检验,确保了每项实验内容的实用性和有效性。配合实验报告与论文范例,学生能够学习规范的学术写作方法,这些设计有益于增强学生们的科研素养,并为其科研生涯奠定坚实基础。

再次,本次修订在内容上更加紧扣生物学前沿。分子生物学、基因工程等领域的快速发展对生物学教学提出了新的要求,鉴于此,本次修订特别优化了新兴学科和新技术的整合,让学生能够接触到最新的科研成果和实验技术。这一创新不仅更新了教学内容,还通过新的教学模式提升了学生的实验技能和创新思维,满足了现代教育对复合型人才的需求。

最后,在教育改革和全球化的背景下,教材始终站在生物学实验教学的前沿。为适应信息化和国际化的教育趋势,本次修订更加注重培养学生的全球视野和跨学科思维。编写团队始终秉持"教育应更加开放、实践性更强"的理念,通过为高校提供更加优质的实验教学资源,推动生物学课程改革的发展,使我国生物学教育更好地与国际接轨。

本套教材凝聚了众多学者与教育工作者的心血,在此要特别感谢发起者和组织者安利国教授及编写团队的卓越贡献。他们凭借深厚的学术造诣和丰富的教学经验,确保了教材的科学性、系统性和前瞻性。感谢所有为教材编写、修订与使用作出贡献的教师和学生,他们为教材的传承与创新打下了坚实基础。

我们相信,本次修订不仅是对过往编写思想的继承,更是对未来发展的大胆探索。期望这套教材能够继续在全国高校实验教学中发挥作用,并为我国生物学人才培养和科学进步作出崭新的贡献。

杨桂文

2022 年秋

第四版前言

《分子生物学及基因工程实验教程》前三版出版后，承蒙读者厚爱，被不少高等院校选作实验教材。本书实验内容简明、操作难度适度，结果明显且易观察，在教学实践中得到许多任课教师和读者好评；同时，大家对文中不足之处也提出了许多宝贵的意见。在此，全体编者向各位读者表示衷心的感谢！

在第四版教材中，作者按照党的二十大“实施科教兴国战略，强化现代化建设人才支撑”的要求，对第三版教材进行了全面修订。根据学科发展的要求和读者的反馈意见，新增了“PCR 产物克隆——TOPO TA 克隆”“PCR 产物克隆——无缝克隆”“报告基因表达分析——萤火虫萤光素酶检测”“农杆菌介导的烟草叶片瞬时转化”等实验内容，并对部分实验内容进行了更新和补充，使全书内容更贴合现代分子生物学及基因工程的发展。修订后的教材继续保持旧版的简明风格，又增添了全新且操作性强的实验内容。

新版教材虽经全体编者悉心勘校，但疏漏和不妥之处仍在所难免，恳请读者提出宝贵意见。

主　编

2024 年 10 月

目 录

第一部分 基础性实验

第二部分　综合性实验

第三部分　研究性实验

第一部分

基础性实验

实验1　质粒的分离——碱裂解法

【实验目的】

1. 学习碱裂解法分离质粒的基本原理。

2. 掌握碱裂解法分离质粒的操作方法。

【实验原理】

质粒是染色体之外裸露的、具有自主复制能力的、以超螺旋状态存在于细胞内的双链DNA分子。质粒的分离是分子生物学研究中最基本的技术，目前提取质粒的方法很多，如CsCl梯度离心法、煮沸法、硅石粉法、碱裂解法等。本实验所用的碱裂解法是一种经典的分离质粒DNA的方法，其基本原理是利用染色体DNA与质粒DNA在变性程度和复性速度方面的差异，即在pH＞12的碱性条件下，大肠杆菌的基因组DNA氢键断裂，双螺旋结构解开而变性，但在该条件下，质粒因其具有共价闭合环状超螺旋结构的特点，两条互补链间的氢键没有完全被破坏，两条链仍然部分地结合在一起；当溶液的pH回复至中性时，质粒DNA快速复性，但是染色体DNA由于分子很大，难以复性；在高盐溶液中，变性的染色体DNA相互缠绕，形成不溶性DNA-蛋白质-SDS大分子复合体，与细胞碎片一起被离心除去，而质粒DNA则留在上清液中，可用异丙醇或乙醇沉淀上清液中的质粒DNA，获得纯度较高的质粒。

【实验器材、材料与试剂】

1. 器材

恒温摇床、超净工作台、高压灭菌锅、高速台式离心机、微量移液枪、枪头、1.5 mL EP管。

2. 材料

含pUC18质粒的大肠杆菌DH5α或JM109菌株。

3. 试剂

(1) LB液体培养基：称取胰蛋白胨10 g、酵母提取物5 g、NaCl 10 g，溶于950 mL水中，用0.4 mol/L NaOH调节pH至7.0，定容至1 L，高温高压灭菌。

(2) LB固体培养基：称取琼脂粉15 g，加入1 L LB液体培养基中，高温高压灭菌。

(3) 溶液Ⅰ：含 50 mmol/L 葡萄糖、25 mmol/L Tris - Cl (pH 8.0)、10 mmol/L EDTA(pH 8.0)，高温高压灭菌后，4℃保存备用。

(4) 溶液Ⅱ(新鲜配制)：含 0.2 mol/L NaOH、1%(*m* /*V*)SDS。由新配制的 0.4 mol/L 的 NaOH 和 2%的 SDS 等体积混合而成。溶液Ⅱ中如有絮状沉淀，可置于温水浴中助溶，如果溶液不变澄清，说明试剂失效。

(5) 溶液Ⅲ：取 5 mol/L 乙酸钾 60 mL、冰醋酸 11.5 mL 和无菌水 28.5 mL，混合即成。

(6) 氨苄西林(ampicillin, Amp)：用无菌蒸馏水配制 100 mg/mL 氨苄西林贮存液，置 −20℃ 冰箱保存备用。

(7) RNase A 溶液：用含 10 mmol/L Tris - Cl(pH 7.5)和 15 mmol/L NaCl 溶液或无菌水配制 10 mg/mL 的 RNase A 溶液。配成的 RNase A 溶液在沸水浴中加热 15 min，自然冷却至室温，分装成小份，−20℃保存。

(8) TE - RNase A 缓冲液：含 10 mmol/L Tris - Cl(pH 8.0)和 1 mmol/L EDTA(pH 8.0)。TE 缓冲液配好后灭菌 15 min，冷却至室温后加入 RNase A 溶液，至终浓度为 20 μg/mL 即为 TE - RNase A 缓冲液。

(9) 氯仿:异戊醇：两者按 24∶1 的体积混匀使用。

(10) 酚:氯仿:异戊醇：Tris - Cl(pH 8.0)饱和酚加入等体积氯仿:异戊醇，混匀使用。

(11) 70%(*V*/*V*)乙醇。

(12) −20℃预冷的异丙醇或无水乙醇。

【实验步骤】

1. 在超净工作台上，用灭菌的牙签挑取单菌落放入 50 mL LB 液体培养基中(含50～100 μg/mL 的 Amp)，37℃振荡培养过夜。

2. 将菌液倒入 1.5 mL EP 管中，10 000 r/min 室温离心 1 min，弃上清液，将 EP 管倒置于吸水纸上数分钟，使液体流尽。

3. 沉淀悬于 100 μL 溶液Ⅰ中，涡旋或剧烈振荡使菌体充分悬浮。

4. 加入 200 μL 溶液Ⅱ，轻轻翻转 EP 管混匀溶液(不要振荡涡旋)，置冰浴 5 min。

5. 加入 150 μL 溶液Ⅲ，温和振荡混匀，冰浴 3～5 min。

6. 12 000 r/min 室温离心 10 min，将上清液移至新的 EP 管中。

7. 加入等体积酚:氯仿:异戊醇，涡旋 2 min，12 000 r/min 室温离心 10 min。

8. 将水相移至新 EP 管中，加入预冷的等体积异丙醇或 2～2.5 倍体积的无水乙醇，−20℃下静置 30 min，12 000 r/min、4℃离心 10～15 min。

9. 弃上清液,将 EP 管倒置于吸水纸上,使液体流尽,然后加入 70%(V/V) 乙醇 500 μL,洗涤 2 次,12 000 r/min 室温离心 1 min。

10. 弃上清液,将 EP 管倒置于吸水纸上,使液体流尽,然后在 50℃下干燥或自然风干。

11. 每管中加入 30 μL TE - RNase A 缓冲液,溶解质粒 DNA,-20℃储存。

【要点提示】

1. 加入溶液Ⅱ后混匀时动作一定要轻,冰浴时间不要超过 5 min。

2. 实验中所用的酚必须是 Tris - Cl 饱和酚(pH 8.0)(有市售),如果饱和酚呈粉红色,则说明试剂失效,不能继续使用。

3. 溶液Ⅱ中的 NaOH 要现配现用。

【思考题】

1. NaOH 在质粒分离中的主要作用是什么?

2. 加入溶液Ⅱ后混匀时为什么动作一定要轻,同时冰浴时间不要过长?

3. 有人认为菌体细胞的裂解主要是 SDS 的作用,你同意此看法吗?为什么?

4. 试分析一下碱裂解法能不能用来提取染色体 DNA,为什么?

实验 2　Silica 法纯化质粒

【实验目的】

1. 了解 Silica 法提取质粒的原理。

2. 掌握 Silica 法提取质粒的步骤。

【实验原理】

Silica(高纯度石英粉)在一定的条件下可以选择性地吸附 DNA。在水溶液中 DNA 分子带负电荷,而 Silica 表面的硅氧键水化后带负电荷,DNA 分子和硅胶之间产生静电排斥,Silica 不能结合 DNA,当溶液中含有高浓度的阳离子时,阳离子在 DNA 与 Silica 表面形成阳离子桥,DNA 吸附在 Silica 表面(但 Silica 不结合蛋白质、寡聚核苷酸、有机溶剂、去污剂及其他可能抑制酶活性的有机或无机物),当溶液离子浓度再次降低时,水分子破坏了阳离子桥,Silica 表面再次水化带负电荷,DNA 从 Silica 表面解吸,释放到溶液中(图 2-1)。

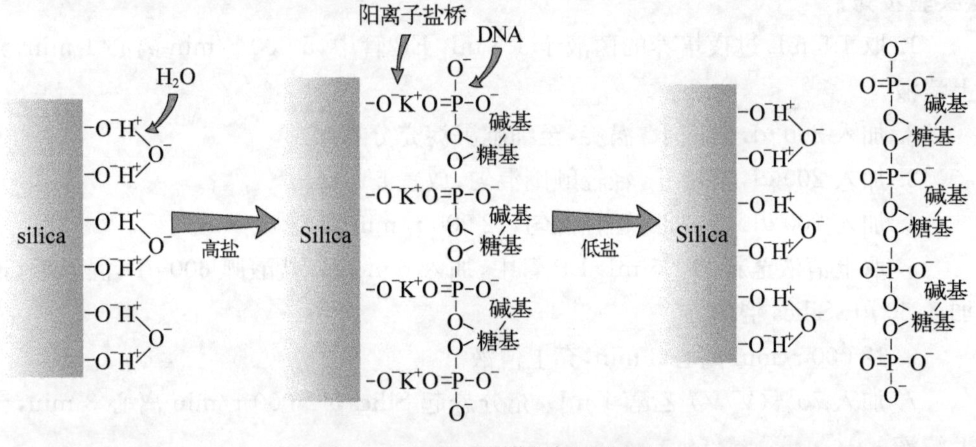

图 2-1　Silica 吸附和解吸 DNA

利用 Silica 法纯化质粒 DNA 时,首先是利用了碱裂解法提取质粒 DNA,再在高盐条件下利用 Silica 特异性地吸附质粒 DNA,并用 70%乙醇溶液洗去不被 Silica 吸附的杂质(包括蛋白质和多糖等物质),最后利用纯水处理 Silica,解吸 Silica 上吸附的质粒 DNA,获得高纯度的质粒。用 Silica 法纯化 DNA,无须酚抽提,DNA 回收率高,纯度满足 DNA 酶切、测序、连接、转化和体外转录等分子操作。

【实验器材、材料与试剂】

1. 器材

同实验 1。

2. 材料

含 pUC18 质粒的大肠杆菌 DH5α 或 JM109 菌液。

3. 试剂

(1) Silica 悬液:称取 5 g Silica(Sigma 产品,货号 S-5631),加 20 mL H_2O,使 Silica 完全悬浮,然后静置 2 h,轻轻地倾去混浊的悬液(保留沉淀),重复清洗沉淀 3 次,用 20 mL H_2O 使 Silica 悬浮,4℃保存备用。

(2) 溶液Ⅰ:含 50 mmol/L Tris-Cl,10 mmol/L EDTA(pH 7.5~8.0)和 10 mg/mL RNase A。

(3) 溶液Ⅱ:含 0.2 mol/L NaOH,1%(*m*/*V*)SDS。

(4) 溶液Ⅲ:4 mol/L KAc(pH 4.8)。

(5) 6 mol/L 盐酸胍。

(6) 70%(*V*/*V*)乙醇。

【实验步骤】

1. 取 1.5 mL 过夜培养的菌液于 1.5 mL EP 管中,5 000 r/min 离心 1 min,弃上清液。

2. 加入 200 μL 溶液Ⅰ,涡旋,至细胞沉淀充分悬起。

3. 加入 200 μL 溶液Ⅱ,轻轻颠倒混匀,放置 5 min。

4. 加入 200 μL 溶液Ⅲ,轻轻混匀,12 000 r/min 离心 10 min。

5. 取上清液至新的 1.5 mL EP 管中,加入 6 mol/L 盐酸胍 600 μL,混匀后,再加入 50 μL Silica 混匀。

6. 12 000 r/min 离心 3 min,弃上清液。

7. 加入 70%(*V*/*V*) 乙醇 1 mL,充分悬起 Silica,12 000 r/min 离心 3 min,弃上清液。

8. 重复实验步骤 7。

9. 干燥沉淀 10 min。

10. 加入 50 μL 无菌水,65℃水浴 5 min。

11. 室温下,12 000 r/min 离心 5 min。

12. 取上清液至新的 EP 管中,-20℃储存。

【要点提示】

1. 加入溶液Ⅱ、Ⅲ后，轻轻颠倒混匀，防止基因组 DNA 断裂，此过程与碱法提取质粒 DNA 一致。

2. 在步骤 9 中，尽量吹干酒精，因其会影响下游操作。

3. 65℃水浴有利于质粒充分从 Silica 上解吸，提高质粒 DNA 的回收率。

【思考题】

1. 实验中，盐酸胍的作用是什么？

2. 水浴的作用是什么？可否用沸水浴解吸质粒？

3. 本实验中，样品中的 RNA 是如何除去的？

实验 3　吸附膜方法提取质粒 DNA

【实验目的】

1. 学习吸附膜方法提取质粒的基本原理。

2. 掌握试剂盒提取质粒的操作技术。

【实验原理】

碱裂解法提取的质粒纯度可以满足一般的分子生物学实验要求，如果需更高纯度的质粒，可以利用 Silica 法继续纯化质粒，基于 Silica 法纯化质粒的原理，又衍生出更便捷的吸附膜方法。质粒提取（吸附膜）试剂盒中的吸附柱下部有一白色的膜片，该膜片是用 Silica 压制而成的。在高离子强度下，Silica 吸附膜可以专一性吸附 DNA，而当离子强度很低时，DNA 又可从膜片上解吸附（详细原理见实验 2）。常规碱裂解法提取的质粒 DNA 再经过 Silica 吸附膜片的特异性吸附纯化，可以进一步除去杂质，收获高纯度的质粒。由于 Silica 膜片兼有滤膜的特点，吸附膜方法省去离心沉淀 Silica 粉末的步骤，操作更加便捷。

【实验器材、材料与试剂】

1. 器材

同实验 1。

2. 材料

含 pUC18 质粒的大肠杆菌 DH5α 或 JM109 菌液。

3. 试剂

本实验方案采用天根生化科技（北京）有限公司生产的质粒提取试剂盒，该试剂盒成分见表 3－1。

表 3－1　质粒提取试剂盒成分

产品组成	数量（50 次）
平衡液 BL	30 mL
溶液 P1	15 mL
溶液 P2	15 mL
溶液 P3	20 mL

续 表

产品组成	数量(50次)
去蛋白液 PD	30 mL
漂洗液 PW	15 mL
洗脱缓冲液 EB	15 mL
RNase A(10 mg/ mL)	150 μL
吸附柱 CP3	50 个
收集管(2 mL)	50 个

注：1. 使用前请将 RNase A 溶液加入溶液Ⅰ中，混匀，2～8℃保存。2. 使用前在漂洗液 PW 中加入 60 mL 无水乙醇，混匀备用。3. 该试剂盒在室温下(15～25℃)干燥条件下可保存 12 个月，在 2～8℃条件下可保存更长时间。

【实验步骤】

1. 柱平衡步骤：向吸附柱 CP3(吸附柱放入收集管中)中加入 500 μL 平衡液 BL，12 000 r/min 室温离心 1 min，弃废液，将吸附柱重新放回收集管中。

2. 取 1～5 mL 过夜培养的菌液，加入 1.5 mL EP 管中，12 000 r/min，室温离心 1 min，去上清。

3. 向留有菌体沉淀的管中加入 250 μL 溶液 P1，彻底悬浮细菌沉淀。

4. 向管中加入 250 μL 溶液 P2，温和地上下翻转 6～8 次使菌体充分裂解(不要超过 5 min)。

5. 向管中加入 350 μL 溶液 P3，立即温和地上下翻转 6～8 次，充分混匀(出现白色絮状沉淀)，12 000 r/min 室温离心 10 min。

6. 将上一步收集的上清液转移到吸附柱 CP3 中(吸附柱放入收集管中)，12 000 r/min，室温离心 30～60 s，弃废液，将吸附柱 CP3 放入收集管中。

7. 可选步骤：向吸附柱 CP3 中加入 500 μL 去蛋白液 PD，12 000 r/min 室温离心 30～60 s，弃废液，将吸附柱 CP3 放入收集管中。

8. 向吸附柱 CP3 中加入 600 μL 漂洗液 PW，12 000 r/min 室温离心 30～60 s，弃废液，将吸附柱 CP3 放入收集管中。

9. 重复实验步骤 7。

10. 将吸附柱 CP3 放入收集管中，12 000 r/min 室温离心 2 min。

11. 将吸附柱 CP3 放置于一个干净的 EP 管中，向吸附膜的中间部位滴加 100 μL 洗脱缓冲液 EB，室温放置 2 min，12 000 r/min 室温离心 2 min，洗脱下来的液体即纯化的质粒溶液。

【要点提示】

1. 如需获得高浓度质粒 DNA 溶液，可减少洗脱液体积至 50 μL，但质粒 DNA 回收总量可能降低。

2. 溶液 P1～P3 是碱裂解法提取质粒的试剂，对应的实验步骤就是碱裂解法提取质粒的过程。

3. 如果平衡液 BL、溶液 P2 和 P3 出现浑浊，可在 37℃水浴中加热几分钟，恢复澄清。

4. 去蛋白液 PD 可以有效去除残留的蛋白质污染，当宿主菌为 *endA*$^{+}$ (TG1、BL21、HB101、ET12567、JM 系列)等核酸酶含量较高的菌株时，强烈推荐使用去蛋白液 PD。

【思考题】

试从质粒 DNA 的产量、纯度和提取过程所花费的时间等方面，比较吸附膜方法与传统的碱裂解乙醇沉淀方法纯化质粒的优缺点。

实验 4　核酸琼脂糖凝胶电泳及“玻璃奶”法纯化回收 DNA 片段

【实验目的】

1. 了解核酸琼脂糖凝胶电泳的基本原理。

2. 掌握“玻璃奶”法快速纯化回收 DNA 片段的操作技术。

【实验原理】

1. 核酸琼脂糖凝胶电泳基本原理

琼脂糖凝胶电泳是分离、鉴定和纯化 DNA 片段快速简便的方法，琼脂糖凝胶可用低浓度的荧光染料溴化乙锭(ethidium bromide，EB)染色，在紫外光照射下可以灵敏地检出发橙色荧光的 DNA 样品，根据 DNA 分子量标准物(DNA Marker)和检测 DNA 片段在凝胶中的相对位置，可以判断 DNA 片段的大小。

EB 具有毒性，因此很多实验室使用毒性很低(但比较昂贵)的荧光染料 SYBR Green Ⅰ替代 EB 进行 DNA 染色。SYBR Green Ⅰ能高强度地结合双链核酸，呈现绿色荧光，其灵敏度高于 EB 25～100 倍，需要注意的是 DNA 结合 SYBR Green Ⅰ后，DNA 在电泳时的迁移速度明显低于裸露的 DNA，因此用先被 SYBR Green Ⅰ染色的琼脂糖凝胶进行电泳时耗时要明显长于后用 SYBR Green Ⅰ染色的 DNA 琼脂糖凝胶，因此，也可以在完成 DNA 琼脂糖凝胶电泳后，再用 SYBR Green Ⅰ染色。

琼脂糖是 DNA 电泳中的固体支持介质，其密度和形成的孔径大小取决于琼脂糖的浓度，不同浓度的琼脂糖凝胶仅适合于分离不同大小的 DNA 片段，因此选用不同浓度的琼脂糖凝胶，可分离长度从 200 bp 至近 50 kb 的 DNA 片段。琼脂糖凝胶电泳通常用水平电泳装置，由于电泳缓冲液的 pH 高于 DNA 分子的等电点，所以在强度和方向恒定的电场下，带负电荷的 DNA 向阳极迁移。

2. “玻璃奶”法快速纯化回收 DNA 片段的基本原理

“玻璃奶”是一种超细的硅石粉(Silica)，在特定的 pH 和高离子强度下，“玻璃奶”专一性地吸附小至 200 bp 的 DNA 片段(详细原理参见实验 2)。“玻璃奶”DNA 回收试剂盒中的另一重要试剂是碘化钠溶液，碘化钠溶液可以溶解固体琼脂糖，释放其中的 DNA，使 DNA 能充分吸附在“玻璃奶”上，从而更高效地回收 DNA

片段。

【实验器材、材料与试剂】

1. 实验器材

电泳仪、电泳槽、凝胶紫外透射仪、解剖刀、台式高速离心机、EP管、移液枪、恒温水浴锅、一次性手套。

2. 材料与试剂

(1) 琼脂糖。

(2) 核酸样品和DNA Marker。

(3) 玻璃奶DNA快速纯化回收试剂盒[宝生物工程(大连)有限公司]。

(4) 50×TAE电泳缓冲液:取Tris 24.2 g,EDTA·$2H_2O$ 3.7 g,加入冰醋酸5.7 mL,定容至100 mL。

(5) 6×电泳加样缓冲液:含0.25%(*m*/*V*)溴酚蓝和40%(*m*/*V*)蔗糖。

(6) 10 mg/mL溴化乙锭(EB)母液。

(7) 10 000×的电泳级SYBR Green Ⅰ母液。

【实验步骤】

1. 核酸琼脂糖凝胶电泳

(1) 凝胶的制备:称取一定量的琼脂糖,按照比例加入稀释的电泳缓冲液(1×TAE),用沸水浴或微波炉融化凝胶,待其自然冷却到55℃左右(在此温度下,触摸三角瓶,没有强烈的烫手感觉),加入DNA荧光染料,灌入水平胶框,插入梳子,自然冷却。(注意:刚刚熔化的胶,温度很高,不能直接灌入胶框。)如果要制备含有EB的琼脂糖凝胶,则在此时加入EB母液至终浓度为0.5 μg/mL,摇匀,此时溶液呈微红色;或加入琼脂糖凝胶1/10 000体积的SYBR Green Ⅰ母液,摇匀。凝胶在室温下放置30~45 min,使其自然凝结,小心拔出梳子。将凝胶放入电泳槽中,向电泳槽中加入电泳缓冲液,刚好浸没过凝胶约1 mm。

(2) 样品配制与加样:取适量DNA样品溶液,加入约1/6样品体积的加样缓冲液,混匀,将DNA样品点入凝胶的样品孔内,开始电泳。

(3) 染色和拍照:当溴酚蓝迁移到距凝胶下缘2 cm左右时,停止电泳。利用紫外透射仪观察DNA条带。

2. "玻璃奶"法快速纯化回收DNA片段

本实验采用宝生物工程(大连)有限公司生产的Agarose Gel DNA Fragment Recovery试剂盒。

(1) 紫外透射仪下,将电泳分离的DNA条带从胶上切割下来(不含DNA的胶越少越好,即胶块大小尽量与DNA条带相接近),放入已称重的1.5 mL EP管中。

(2) 称量切割出的凝胶，加入三倍量(V/m)的碘化钠溶液。

(3) 将 EP 管置于 55℃水浴中 5～10 min，直至凝胶完全溶化。

(4) 加入 20 μL 充分悬浮的“玻璃奶”(使用前用漩涡振荡器振荡 3 min)，室温放置 5 min(其间不时将离心管颠倒几次以混匀，使 DNA 片段充分吸附于“玻璃奶”表面)。

(5) 10 000 r/min 离心 20 s，移去上清液。

(6) 加入 4℃预冷的洗涤液 0.8 mL，充分悬浮“玻璃奶”，10 000 r/min 离心 20 s，弃上清液。

(7) 重复步骤(6)两次。

(8) 用吸水纸仔细将 EP 管壁上及管底残留的液体吸干。

(9) 加入 20 μL 超纯水，混匀后将 EP 管置于 55℃水浴 5 min。

(10) 10 000 r/min 离心 3 min，将上清液小心地吸至另一个离心管，即为纯化的 DNA。

(11) 电泳检测回收的结果。

【要点提示】

1. 紫外光对视网膜有害，观察时加盖玻璃罩，观察时间不宜太长。EB 染色后的 DNA 易受紫外光破坏，切胶时间要尽量短。

2. DNA 洗涤液应保持在低温，否则可能使 DNA 从“玻璃奶”试剂上脱落而导致回收率降低。

3. 步骤(8)是关键操作，管壁和管底残留的含有盐和乙醇的洗涤液若不完全除去，可能导致“玻璃奶”试剂上结合的 DNA 不能充分被水洗脱。

【思考题】

“玻璃奶”纯化回收 DNA 试剂盒除能够从凝胶中纯化和回收 DNA 片段外，还有哪些用途？

实验 5　吸附膜方法回收琼脂糖凝胶中 DNA 片段

【实验目的】

掌握吸附膜回收琼脂糖凝胶中 DNA 片段的方法。

【实验原理】

回收琼脂糖凝胶中 DNA，首先切取含有 DNA 的琼脂糖凝胶条，利用含 NaI 的溶液，在 50℃下溶解琼脂糖凝胶条，将其转变成溶液，然后利用 Silica 吸附膜吸附纯化 DNA。纯化琼脂糖凝胶条中 DNA 的基本原理可参见实验 2 和实验 3。

【实验器材、材料与试剂】

1. 器材

同实验 1。

2. 材料

含有目的 DNA 条带的琼脂糖凝胶。

3. 试剂

天根生化科技(北京)有限公司生产的通用型 DNA 纯化回收试剂盒(表5－1)。

表 5－1　通用型 DNA 纯化试剂盒组成

组　　成	数量(50 次)
溶液 PC(Buffer PC)	25 mL
平衡液 BL(Buffer BL)	30 mL
漂洗液 PW(Buffer PW)	15 mL
洗脱缓冲液 EB(Buffer EB)	15 mL
吸附柱 CB2(Spin Columns CB2)	50 个
收集管(2 ml)(Collection Tubes 2 ml)	50 个
切胶器(Gel Cutter)	5 个

【实验步骤】

1. 柱平衡步骤：向吸附柱 CB2 中(吸附柱放入收集管中)加入 500 μL 平衡液 BL，12 000 r/min 离心 1 min，弃去收集管中的废液，将吸附柱重新放回收集管中

(请使用当天处理过的柱子)。

2. 切胶:将单一的目的 DNA 条带从琼脂糖凝胶中切下(尽量切除多余部分)放入干净的 EP 管中,称取重量。

3. 溶胶:将胶块切碎,向胶块中加入等体积溶液 PC,50℃水浴放置 10 min 左右,其间不断温和地上下翻转 EP 管。

4. 将上一步所得溶液加入一个吸附柱 CB2 中(吸附柱放入收集管中),12 000 r/min 离心 1 min,弃去收集管中的废液,将吸附柱 CB2 放回收集管中。

5. 向吸附柱 CB2 中加入 600 μL 漂洗液 PW(使用前请先加入适量无水乙醇),12 000 r/min 离心 1 min,弃去收集管中的废液,将吸附柱 CB2 放入收集管中。

6. 重复操作步骤 5。

7. 将吸附柱 CB2 放入收集管中,12 000 r/min 离心 2 min,尽量除去漂洗液。将吸附柱置于室温放置数分钟,彻底晾干。

8. 将吸附柱 CB2 放入一个干净离心管中,向吸附膜中间位置悬空滴加适量的洗脱缓冲液 EB,室温放置 2 min。12 000 r/min 离心 2 min,收集 DNA 溶液。

【要点提示】

1. 切胶时应尽量切除不含目的 DNA 的凝胶,并注意不要使 DNA 长时间暴露于紫外灯下。

2. 胶块一定要充分融化,否则会严重影响 DNA 的回收率。

3. 纯化的 DNA 用于 DNA 序列分析时,最好用水洗脱 DNA。

4. DNA 如需长期保存时,建议在洗脱缓冲液 EB 中保存。

【思考题】

1. 纯化回收 DNA 的目的是什么?

2. 若纯化回收后的 DNA 电泳条带为两条,可能的原因是什么? 应如何解决?

3. 你认为实验过程中使用的哪种溶液是 NaI 溶液?

实验6　DNA片段的连接(向质粒载体中插入外源DNA)

【实验目的】

1. 学习T4 DNA连接酶作用的原理。

2. 掌握外源DNA与载体分子连接的技术。

【实验原理】

外源DNA与载体分子连接的过程是DNA重组过程，重新组合的DNA称为重组体或重组子。DNA连接反应的关键酶是DNA连接酶，T4 DNA连接酶是基因工程常用的连接酶，它是从T4噬菌体感染的大肠杆菌中分离的，利用T4 DNA连接酶进行目的DNA片段和载体的体外连接反应，也就是在双链DNA的5′磷酸和相邻的3′羟基之间形成新的磷酸二酯键，从而将两个DNA片段连接起来。

本实验利用T4 DNA连接酶，在含有Mg^{2+}、ATP的连接缓冲体系中，将分别经酶切且脱磷酸化的载体分子与外源DNA分子进行连接，再用连接产物转化宿主细胞，然后对转化菌落进行筛选鉴定，挑选出所需的重组质粒。

【实验器材、材料与试剂】

1. 器材

移液枪、枪头、台式离心机、恒温水浴锅。

2. 材料

载体DNA和外源DNA片段。

3. 试剂

(1) T4 DNA连接酶。

(2) 10×T4 DNA连接酶缓冲液。

【实验步骤】

1. 取灭菌的0.5 mL EP管，做好标记，按照表6-1配制反应体系。

表 6-1 连接反应体系

试剂	载体+插入子	无载体对照组	无插入 DNA 片段对照组
10×T4 DNA 连接酶缓冲液	1 μL	1 μL	1 μL
插入 DNA 片段	10～100 ng	10～100 ng	/
酶切且脱磷酸化后的载体 DNA	10～100 ng	/	10～100 ng
T4 DNA 连接酶	0.1～1 U	0.1～1 U	0.1～1 U
补加 dd H_2O 至总体积	10 μL	10 μL	10 μL

注：U 为标准单位。

2. 盖好盖子，轻轻混匀，用台式离心机瞬时离心，将液体全部甩到管底。
3. 室温下反应 3 h，或 4℃下反应过夜。
4. 连接产物用于转化感受态细胞。

【要点提示】

1. 平末端连接比黏性末端连接的效率要低得多，可通过提高 DNA 连接酶浓度或增加 DNA 浓度来提高末端的连接效率。

2. 相同末端的载体与 DNA 片段进行连接时，载体容易发生自身连接环化，此时，应首先用碱性磷酸酶处理载体，除去 5′端的磷酸基，以提高重组子的产率。

3. 调整载体 DNA 和外源 DNA 之间的比例将有助于获得高产量的重组产物，一般插入 DNA 片段与载体 DNA 的摩尔比为 1∶3～3∶1。

4. 不同厂家生产的 T4 DNA 连接酶反应条件稍有不同，应尽量根据厂家推荐的最适反应条件使用。

【思考题】

进行连接反应时应注意哪些问题？

实验 7　大肠杆菌感受态细胞的制备、转化及转化子的鉴定（蓝白斑筛选法）

【实验目的】

学习大肠杆菌感受态细胞的制备、转化及转化子鉴定的基本原理和操作技术。

【实验原理】

1. 感受态细胞的制备和转化

用于感受态细胞制备的大肠杆菌菌株一般是限制-修饰系统缺陷的变异株，即不含限制性内切酶和甲基化酶的突变株。受体细胞经过一些特殊方法（如$CaCl_2$等化学试剂法）的处理后，细胞膜的通透性发生变化，成为能容许带有外源 DNA 的载体分子进入的感受态细胞。

转化（transformation）是将外源 DNA 分子引入受体细胞，并使后者获得新的遗传性状的一种手段（如抗药性）。热激转化法的原理是当细菌处于 0℃的 $CaCl_2$ 低渗溶液中，细菌细胞膨胀成球形，转化混合物中的 DNA 形成抗 DNA 酶的羟基-钙磷酸复合物黏附于细胞表面，经 42℃短时间热激处理，促进了细胞吸收 DNA 复合物。进入受体细胞的 DNA 分子通过复制、表达从而实现遗传信息的转移，使受体细胞出现新的遗传性状。将经过转化后的细胞在筛选培养基中培养，即可筛选出带有外源 DNA 分子的受体细胞，即转化子（transformant）。

2. 蓝白斑筛选法原理（重组子的鉴定）

蓝白斑筛选法是重组子筛选的一种方法，其依据是以所采用载体的遗传特征（α-互补）来进行重组子筛选的。蓝白斑筛选法所用的质粒带有诱导启动子调控的、由β-半乳糖苷酶基因（*lacZ*）的调控序列和前 146 个氨基酸（也称α-肽）组成的编码区，当未重组质粒转化 *lacZ*M15 基因型的宿主菌（含有编码 N 端缺陷型的β-半乳糖苷酶多肽的基因，也称ω-肽）后，质粒与细菌基因组分别合成互补的两个肽段（即α-互补），两个肽段形成了有功能的β-半乳糖苷酶，该酶能把培养基中无色的 X-gal（5-溴-4-氯-3-吲哚-β-*D*-半乳糖苷）底物分解成深蓝色的 5-溴-4-氯-靛蓝，致使非重组菌呈蓝色。

当外源 DNA 插入在质粒多克隆位点的α-肽编码区时，外源 DNA 破坏了α-

肽的阅读框，质粒不能表达出正确的 α-肽，不能实现 α-互补，菌株不能产生分解底物 X-gal 的酶，致使重组菌落呈白色。由此，可以借助菌落的蓝白色，很容易鉴别出重组子。

lacZ 基因是诱导启动子调控的，诱导物 IPTG(异丙基硫代-β-*D*-半乳糖苷，与乳糖结构类似，但不能被 β-半乳糖苷酶降解)可以诱导 *lacZ* 基因的启动，因此在实验中要利用 IPTG 和 X-gal 两种化学试剂，诱导蓝白斑出现。

【实验器材、材料与试剂】

1. 器材

恒温摇床、电热恒温培养箱、台式高速离心机、超净工作台、低温冰箱、恒温水浴锅、制冰机、分光光度计、微量移液枪、1.5 mL EP 管。

2. 材料

大肠杆菌菌株 DH5α、pUC19 质粒。

3. 试剂

(1) LB 固体和液体培养基：同实验 1。

(2) 氨苄西林(Amp)母液：同实验 1。

(3) 含 Amp 的 LB 固体培养基：将配好的 LB 固体培养基高温高压灭菌后冷却至 60℃左右，加入 Amp 母液，使 Amp 终浓度为 50 μg/mL，摇匀后铺平板。

(4) 0.1 mol/L $CaCl_2$ 灭菌溶液。

(5) 甘油-$CaCl_2$ 溶液：称取无水 $CaCl_2$ 1.11 g，溶于 50 mL 重蒸水中，加入 15 mL 甘油，定容至100 mL，高温高压灭菌 15 min。

(6) 2%(*m*/*V*)X-gal 溶液：用二甲基甲酰胺溶解 X-gal，配制成 20 mg/mL 的贮存液。保存于玻璃管或聚丙烯管中，装有 X-gal 溶液的 EP 管须用铝箔包裹以防因受光照而被破坏，并应贮存于−20℃。X-gal 溶液无须过滤除菌。

(7) 20%(*m*/*V*)IPTG：称取 IPTG 2 g，定容至 10 mL，过滤除菌，分装并贮存于−20℃。

【实验步骤】

1. 受体菌的培养

从 LB 平板上挑取新活化的大肠杆菌 DH5α 单菌落，接种于 3～5 mL LB 液体(不含抗生素)培养基中，37℃下振荡培养过夜，直至对数生长后期。将该菌悬液以 1∶50～1∶200 的比例接种于 50 mL LB 液体培养基中(200 mL 三角瓶)，37℃剧烈振荡培养 2～3 h 至 $A_{600}=0.3\sim0.5$。

2. 感受态细胞的制备($CaCl_2$法)

(1) 取 1 mL 培养物用移液枪转入预冷的 1.5 mL EP 管中，冰上放置 5 min，然后于 4℃下，4 000 r/min 离心 5 min。

(2) 弃上清液，瞬时离心，收集培养基于管底，用移液枪吸去最后一滴培养基，然后用预冷的 0.1 mol/L $CaCl_2$ 溶液 1 mL 轻轻悬浮菌体，冰上放置 15 min 后，4℃下以 4 000 r/min 离心 5 min。

(3) 弃上清液，加入 200 μL 预冷的 0.1 mol/L $CaCl_2$ 溶液，轻轻悬浮细胞，冰上放置几分钟，即成感受态细胞悬液。

(4) 新制成的感受态细胞悬液于 4℃下放置 24 h 之内，可以有效提高转化效率。

(5) 如果希望长期保存感受态细胞，可将实验步骤(2)获得的沉淀用甘油-$CaCl_2$ 溶液悬浮，再将感受态细胞分装成 100 μL 的小份，贮存于－70℃保存。

3. 转化

(1) 取新鲜制备或从－70℃冰箱中取出 100 μL 感受态细胞悬液，室温下使其解冻，解冻后立即置于冰上。

(2) 加入 pUC19 质粒 DNA 溶液(含量＜50 ng，体积＜10 μL，小于感受态细胞体积的 1/10)，轻轻摇匀，冰上放置 30 min，同时在另一个感受态细胞悬液中同时加入 pUC19 质粒和含有外源片段的 pUC19 质粒(需实验室自备)。

(3) 42℃水浴中精确热激 90 s，迅速置于冰上冷却 2～5 min。

(4) 分别向转化后的 EP 管中加入 37℃预热的 800 μL LB 液体培养基(不含 Amp)，混匀后 37℃温和振荡培养 45 min。

(5) 取上述菌液 100 μL，连同 100 μL X-gal 储备液和 10 μL IPTG 储备液均匀涂布于含 Amp 的筛选平板上，直至菌液完全被培养基吸收后倒置培养皿，37℃培养 12～18 h，观察菌斑的出现和蓝白斑筛选的效果。

【要点提示】

1. 细胞生长密度以刚进入对数生长期时为好，可通过监测培养液的 A_{600} 来控制。通常 DH5α 菌株的 $A_{600}=0.5$ 时，细菌密度在 5×10^7 个/mL 左右(不同的菌株情况有所不同)，这时比较适合感受态细胞的制备，细菌密度过高或不足均会影响转化效率。

2. 转化效率与外源 DNA 的浓度在一定范围内成正比，但当加入的外源 DNA 的量过多或体积过大(超过转化体系 1/10)，转化效率反而会降低。1 ng 的超螺旋 DNA 即可使 50 μL 的感受态细胞达到饱和。

3. 所用的试剂(如 $CaCl_2$ 等)均须是最高纯度的(G.R.或 A.R.)级别，并用超纯水(或双蒸水)配制，最好分装后保存于－20℃备用。

4. 整个操作过程均应在无菌条件下进行，所用器皿，如离心管、枪头等最好是新的，并经高压灭菌处理，所有的试剂都要灭菌，且注意防止被其他试剂、DNA 酶或杂 DNA 所污染，否则均会影响转化效率或导致杂 DNA 的转入，为之后的筛选、鉴定带来麻烦和困扰。

【思考题】

本实验以 4 000 r/min 收获菌体，为什么不选用更高的转速？

实验 8 聚合酶链反应(PCR)技术

【实验目的】

学习聚合酶链反应（polymerase chain reaction，PCR）的原理及操作技术。

【实验原理】

PCR 技术实际上是在模板 DNA、引物和 4 种脱氧核苷酸存在的条件下，依赖于耐高温 DNA 聚合酶的体外酶促合成反应。PCR 技术的特异性取决于引物和模板 DNA 结合的特异性。反应分为三步：① 热变性：在高温条件下，DNA 双链解离形成单链 DNA；② 退火：当温度突然降低时引物与其互补的模板在局部形成杂交链；③ 延伸：在 DNA 聚合酶、dNTP 和 Mg^{2+} 存在的条件下，聚合酶催化以引物为起始点的 DNA 链延伸反应。以上三步为一个循环，每一循环的产物可以作为下一个循环的模板，几十个循环之后，介于两个引物之间的特异性 DNA 片段得到了大量复制，数量可达到 10^6～10^7 个拷贝。

【实验器材、材料与试剂】

1. 器材

PCR 仪、台式离心机、微量移液枪、硅烷化的 PCR 小管、水平琼脂糖凝胶电泳系统。

2. 材料

模板 DNA（单链、双链 DNA 均可作为 PCR 的模板）。

3. 试剂

(1) 2×*Taq* Master PCR Mix 缓冲液［天根生化科技（北京）有限公司］：该缓冲液包含 *Taq* 酶、dNTP、$MgCl_2$、反应缓冲液和优化试剂。

(2) 引物 1 和引物 2(2 μmol/L)。

(3) 琼脂糖凝胶电泳试剂。

【实验步骤】

1. 在 0.2 mL EP 管内依次混匀表 8 - 1 中的试剂，配制 25 μL 反应体系。

表 8-1 PCR 体系

试剂	体积/μL
ddH_2O	5.5
2×*Taq* PCR Master Mix 缓冲液	12.5
引物 1(2 μmol/L)	2.5
引物 2(2 μmol/L)	2.5
模板 DNA	2
总体积	25

2. 按表 8-2 的循环程序进行扩增。

表 8-2 PCR 循环程序

程序阶段	程序名称	温度	时间	循环数
1	预变性	94℃	3 min	1
	变性	94℃	30 s	
2	退火	根据引物序列确定	30 s	30
	延伸	72℃	30 s	
3	延伸	72℃	5 min	1
4	保温	4℃	∞	1

3. 扩增结束后，取 10 μL 扩增产物进行电泳检测。

【要点提示】

1. 在 90～95℃下可使整个基因组的 DNA 变性为单链。一般 94～95℃下 30～60 s，时间过长使 *Taq* DNA 聚合酶失活。

2. 退火温度一般在 45～55℃。退火温度低，PCR 特异性差；退火温度高，PCR 特异性高，但扩增产量低。

3. 延伸温度一般在 70～75℃。此温度下 *Taq* DNA 聚合酶活性最高。一般扩增产物长度小于 1 kb，延伸时间 30 s 即可。当扩增产物长度大于 1 kb 时，可适当延长延伸时间。

4. 引物长度通常为 20 bp 左右。两个引物扩增的片段大小 300～500 bp 为宜。

【思考题】

1. PCR 的原理是什么？

2. 如何确定 PCR 中的退火温度和延伸时间？

实验 9 聚合酶链反应(PCR)产物克隆——TA 克隆

【实验目的】

掌握 PCR 产物与 T 载体连接的原理及方法。

【实验原理】

PCR 是常用的克隆目的基因的方法之一，如何将 PCR 产物连入载体也是其中的重要步骤。大部分耐热 DNA 聚合酶有一个特性：可以不依赖于模板的序列在 PCR 产物的 3′端添加一个“A”，这样 PCR 产物就形成了 3′端有一个碱基突出的黏性末端。根据这个特点，在 T 载体 3′端上有一个“T”碱基突出，这样 PCR 产物和 T 载体就能按照黏性末端的方式连接在一起。

TaKaRa 公司的 pMD18 - T Vector 是一种高效克隆 PCR 产物(TA Cloning)的专用载体(图 9 - 1)。其由 pUC18 载体改建而成，在 pUC18 载体的多克隆位点处的 *Xba* Ⅰ和 *Sal* Ⅰ识别位点之间插入了 *Eco*R Ⅴ识别位点，用 *Eco*R Ⅴ进行酶切后，再在两侧的 3′平末端各添加一个“T”碱基而成。

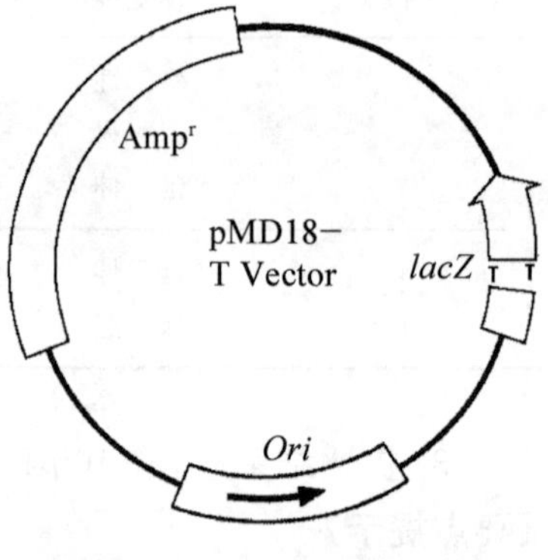

图 9 - 1 pMD18 - T Vector 简图

【实验器材、材料与试剂】

1. 器材

EP 管、微量移液枪、枪头、高速台式离心机、PCR 仪或低温水浴锅。

2. 材料与试剂

(1) TaKaRa 公司的 pMD18 - T Vector 试剂盒(表 9 - 1)。

(2) PCR 产物。

表 9 - 1 pMD18 - T Vector 试剂盒组成

组 成	体积	数量
pMD18 - T Vector(50 ng/μL)	20 μL	1 支
Control Insert(50 ng/μL)	10 μL	1 支
Solution Ⅰ	75 μL	2 支

【实验步骤】

1. 在微量 EP 管中配制 DNA 溶液，全量为 5 μL，具体见表 9-2。

表 9-2　连接体系

试　　剂	试剂实验体积和载体用量
pMD® 18-T Vector*	1 μL
Insert DNA**	0.1 pmol～0.3 pmol
灭菌水	加水至 5 μL

* 1 μL 的 pMD® 18-T Vector 约含 50 ng 或物质的量约为 0.03 pmol 的载体。实际操作时，可按实验需要确定 T 载体(vector)的使用量。根据经验，仅取 0.5 μL 的 pMD® 18-T Vector 即可得到满意的结果。

** 连接反应时，Vector DNA 和 Insert DNA 的合理物质的量比一般为：(1∶2)～(1∶10)。

2. 加入 5 μL(等量)的 Solution Ⅰ。

3. 16℃反应 30 min。注意：① 室温(25℃)也能正常进行连接反应，但反应效率稍微降低。② 5 min 也能正常进行连接反应，但反应效率稍微降低。③ 长片段 PCR 产物(2 kb 以上)进行 DNA 克隆时，连接反应时间可延长至数小时。

4. 连接产物转化感受态细胞，在含有氨苄西林的平板中结合蓝白斑筛选阳性克隆。

【要点提示】

1. 冰箱取出冷冻 Solution Ⅰ后，在冰中融化。

2. 连接反应应在 25℃以下进行，温度升高(>26℃)较难形成环状 DNA。连接效率偏低时，可适当延长连接反应时间至数小时。

3. 插入 DNA 片段的纯度要求

插入 DNA 片段应该进行切胶回收的纯化处理后才进行载体连接，尽量避免引物等其他杂质的存在。PCR 产物中的短片段 DNA(甚至是电泳也无法确认的非特异性小片段)、残存引物等杂质都会影响 TA 克隆效率。

4. 插入 DNA 片段使用量的计算方法

进行克隆时，载体 DNA 和插入 DNA 片段的物质的量比一般为(1∶2)～(1∶10)，我们可以根据自己的实验情况选择合适的载体 DNA 和插入 DNA 片段的物质的量比。

5. 某些高保真 PCR 酶不具备加 A 突出端的功能，必须在反应后，更换体系，使用具备加 A 功能的 *Taq* 酶 PCR 体系，反应 30 min，补加 A 突出末端，方能使用 T 载体克隆。

【思考题】

本实验与实验 6 在应用到分子克隆时有何不同?

实验 10　PCR 产物克隆——TOPO TA 克隆

【实验目的】

掌握 TOPO 克隆 PCR 产物的原理和方法。

【实验原理】

TOPO 克隆的关键酶是 DNA 拓扑异构酶(topoisomerase)。DNA 拓扑异构酶具有限制性核酸内切酶和连接酶双重特性。常用的牛痘病毒拓扑异构酶特异性地识别并切割序列 5′-(C/T)CCTT-3′,并以共价键的形式连接到 3′-胸腺嘧啶脱氧核苷的磷酸基团上,含有拓扑异构酶的 T 末端具有连接 DNA 5′-OH 的连接酶活性。商品化的 TOPO-TA 载体是线性化的载体,其突出的 3′-T 末端连接着拓扑异构酶,线性化的 3′-T 突出的 TOPO-TA 载体可以匹配 3′-A 突出的 PCR 产物,共价连接拓扑异构酶的 3′-T 突出末端可以快速且高效地与 PCR 产物 5′-OH 连接,其连接效率高于传统的 T4 连接酶(图 10-1)。TOPO 连接完成后,形成的闭环质粒上仍然有一条链有缺口,这个缺口可以在质粒进入宿主细胞后,被宿主内源的酶修补。

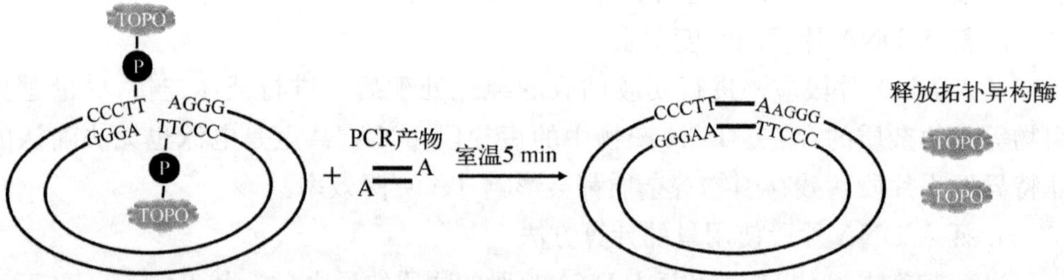

图 10-1　TOPO TA 克隆原理

【实验器材、材料与试剂】

1. 器材

台式离心机、PCR 仪(金属浴或低温水浴锅)、微量移液器、EP 管、研磨棒。

2. 材料

回收的 PCR 产物(含 A 尾)。

3. 试剂

TOPO TA 克隆试剂盒(Invitrogen 公司产品)。

【实验步骤】

1. 取灭菌的 0.2 mL 的 EP 管,按照表 10－1 配制反应体系。

表 10－1 TOPO－TA 反应体系

试剂和 DNA	体积/μL
PCR 产物(含 A 尾)	0.5～4
盐溶液	1
补充 dd H_2O 至体积	5
TOPO 活化的载体	1
总体积	6

2. 轻轻混匀上述反应体系,室温反应 5 min。

3. 连接产物用于转化大肠杆菌感受态细胞。

【要点提示】

1. TOPO 克隆的连接反应不能放于冰上进行。

2. Invitrogen 公司的 TOPO TA 克隆试剂盒中 TOPO 克隆的时间可以从 30 s 至 30 min 不等。如果 PCR 产物较长(＞1 kb),可适当延长连接反应的时间,以获得更多的阳性克隆。

3. TOPO 活化的载体一般是从生物公司直接购买的。

【思考题】

TOPO TA 克隆与传统 TA 克隆有何不同?

实验 11　PCR 产物克隆——无缝克隆

【实验目的】

1. 了解通过无缝克隆方法构建重组质粒的原理。

2. 掌握无缝克隆方法构建重组质粒的步骤。

【实验原理】

无缝克隆（seamless cloning/in-fusion cloning）又称作 Gibson Assembly 克隆，是 Daniel Gibson 和 J. Craig Venter 博士于 2009 年提出的新的重组质粒构建方法。该系统中共包括三种酶：T5 核酸外切酶、DNA 聚合酶和 DNA 连接酶。首先质粒载体经限制性核酸内切酶消化获得线性化载体，目的基因则通过 PCR 在 DNA 片段末端引入一段与线性化载体 DNA 末端同源的 15～25 bp 序列；然后在合适的反应温度下，外源目的基因和线性化载体 DNA 都通过 T5 核酸外切酶进行 5′端向 3′端消化，使得两者的末端序列形成较长的黏性末端，因为二者末端序列具有同源性，能互补配对形成双链结构，最后通过 DNA 聚合酶和 DNA 连接酶修补重组 DNA 的缺口，将外源目的 DNA 片段连入载体分子(图 11－1)。

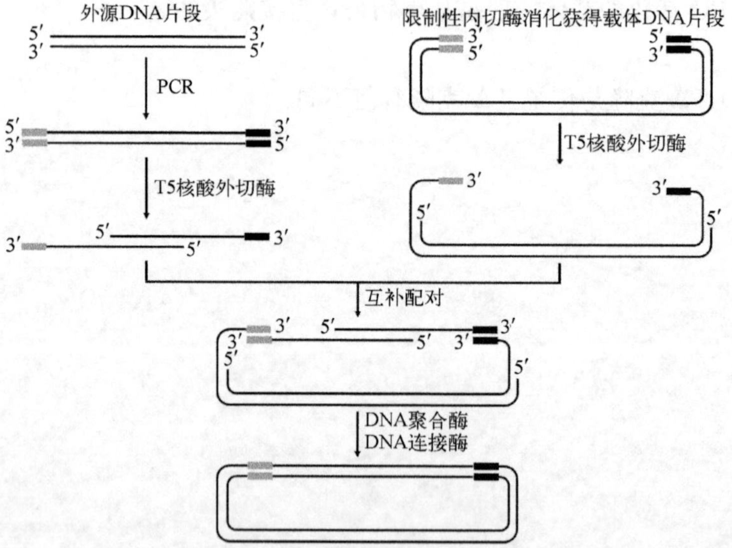

图 11－1　无缝克隆构建重组质粒原理示意图

【实验器材、材料与试剂】

1. 器材

微量移液器、台式离心机、金属浴或 PCR 仪

2. 材料与试剂

(1) 线性化处理的载体 DNA。

(2) 纯化回收后的外源 DNA。

(3) 2×无缝克隆试剂。

(4) 灭菌去离子水。

【操作步骤】

1. 取灭菌的 0.2 mL 的 EP 管，做好标记，按照表 11-1 配制反应体系。

表 11-1　无缝克隆反应体系

试　剂	载体+外源 DNA	无载体对照组	无外源 DNA 对照组
外源 DNA	100～200 ng	100～200 ng	0
线性化载体 DNA	50～200 ng	0	50～200 ng
2×无缝克隆试剂	5 μL	5 μL	5 μL
补充水至总体积	10 μL	10 μL	10 μL

2. 轻轻混匀反应体系，盖上 EP 管盖。

3. 放入 PCR 仪 50℃反应 15～20 min。

4. 连接产物用于转化大肠杆菌感受态细胞。

【要点提示】

1. 制备好的线性化载体 DNA 可冻存于冰箱重复使用，但是反复冻融可能会造成线性化载体 DNA 发生降解，降低连接反应成功率。

2. 调整线性化载体 DNA 和外源 DNA 之间的比例将有助于提高连接反应效率，一般建议外源 DNA 片段和线性化载体 DNA 之间的摩尔比为(3∶1)～(5∶1)。

3. 不同厂家生产的无缝克隆试剂盒连接反应温度或时间可能略有不同，应尽量按照厂家推荐的反应条件使用。

【思考题】

哪些因素影响无缝克隆方法构建重组质粒的效率？

实验12　菌落PCR方法快速筛选细菌重组子

【实验目的】

1. 了解细菌重组子及PCR筛选细菌重组子的原理。

2. 掌握PCR筛选细菌重组子的操作步骤。

【实验原理】

菌落PCR(colony PCR)筛选细菌重组子的原理是直接以菌体热解后暴露的DNA为模板进行PCR扩增,所用的引物可以是载体上的通用引物或目的片段的两端引物,对PCR产物进行琼脂糖凝胶电泳,并与DNA分子量标准物(DNA marker)比较,即可初步判断重组子是否为阳性克隆。菌落PCR筛选的方法具有灵敏度高、方法简单快速、特别适用于筛选大量克隆的特点。

【实验器材、材料与试剂】

1. 器材

试管、培养皿、EP管、PCR管、枪头、灭菌牙签、恒温摇床、超净工作台、高压灭菌锅、高速台式离心机、微量移液枪、振荡器、PCR仪。

2. 材料与试剂

(1) 通用引物T3和T7。

(2) 2×*Taq* PCR Mix缓冲液。

(3) LB固体和液体培养基:同实验1。

(4) 相应的抗生素。

(5) 重组子转化的大肠杆菌菌株DH5α。

【操作步骤】

1. 根据欲筛选的重组子数量(一般每种重组子筛选10个以上菌落),以每管20 μL的PCR反应液,每个反应筛选一个重组子计,计算所需的PCR反应液的体积,配制PCR反应液。

2. 根据欲筛选的重组子数量,将PCR管依次编号,按表12-1配制PCR反应液,以每管20 μL的量分装到编好号的PCR管中。

表 12-1 PCR 反应液成分

试剂	体积
ddH_2O	$N\times8\ \mu L$
$2\times$ *Taq* PCR Mix 缓冲液	$N\times10\ \mu L$
T3 引物 1(10 μmol/L)	$N\times1\ \mu L$
T7 引物 2(10 μmol/L)	$N\times1\ \mu L$
总体积	$N\times20\ \mu L$

注：N 为需配制的 PCR 反应管数。

3. 在超净工作台上，从含有相应抗生素的平板培养基（如图 12-1 中所示的原始板）上用灭菌枪头（或灭菌的竹牙签）挑取一个单克隆的重组子转化菌落，在划线板上轻轻地划线，并标记为 1 号菌落。然后再将带有菌落的牙签头在 1 号 PCR 管中的反应液中反复振荡、摇动，以使牙签上剩余的细菌充分混入 PCR 反应液中（图 12-1）。

4. 用新牙签挑取另一菌落，按步骤 3 重复相同的操作。须注意划线板上的菌落编号必须与 PCR 管上的编号相同。重复相同的操作直到挑取足够的菌落数。

5. PCR 反应：按照以下程序进行 PCR 反应（表 12-2）。

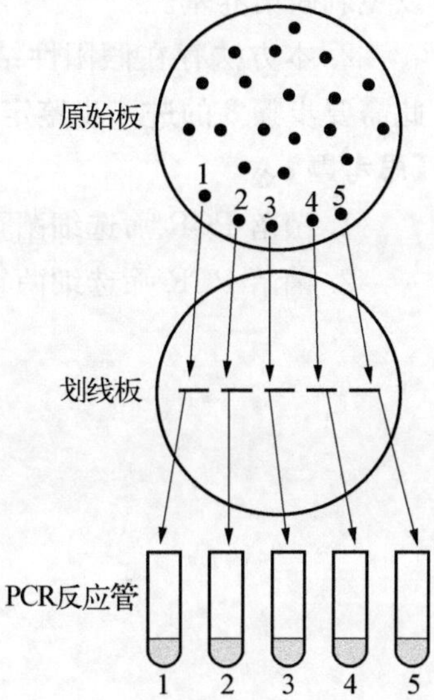

图 12-1 菌落 PCR 操作示意图

表 12-2 PCR 循环步骤

程序阶段	程序名称	温度	时间	循环数
1	预变性	94℃	180 s	1
2	变性	94℃	30 s	30
	退火	52℃ *	30 s	
	延伸	72℃	60～120 s	
3	保温	4℃	∞	1

* 退火温度应该根据引物的具体序列设定。

6. 将 PCR 反应产物依照编号顺序进行琼脂糖凝胶电泳，有与预计 DNA 片段大小的带对应的菌落号即为重组子阳性克隆。

7. 将划线板放入 37℃培养箱中培养约 16 h。

8. 根据步骤 6 筛选出的阳性克隆号，从培养箱中取出已长出菌落的划线板，用灭菌牙签挑取适当数量的阳性克隆(每种 3～5 个)，分别置入含有相应抗生素的液体 LB 培养基中，在 37℃过夜培养。第二天分别提取质粒，再进一步用酶切方法进行重组子的鉴定(见实验 13)。

【要点提示】

1. 步骤 3 中所用的灭菌牙签最好选用平头的，并且在划线板上划线时应较轻，以免刺破培养基。

2. 本方法存在假阳性结果，即 PCR 呈阳性的菌落不一定为真正的重组子，因此需要步骤 8 的进一步鉴定。

【思考题】

1. 菌落 PCR 筛选细菌重组子的原理是什么?

2. 菌落 PCR 筛选细菌重组子产生假阳性的原因是什么?

实验 13　重组子的插入方向鉴定(酶切法)

【实验目的】

1. 学习酶切法鉴定重组子插入方向的基本原理。

2. 掌握质粒酶切的操作技术。

【实验原理】

在构建表达载体的过程中,经常会遇到外源片段插入方向不确定的情况,有正向插入和反向插入两种可能,这就必须对重组子插入的方向进行鉴定,挑选出所需方向插入的重组子。酶切法是鉴定重组子插入方向的常用方法,其原理是相对于多克隆位点(multiple cloning site, MCS),不同插入方向的重组子具有不同的酶切位点排布,以图 13－1 为例,外源 DNA 通过 *Eco*RⅠ酶切位点插入质粒,插入的 DNA 片段可能存在两种排列方向(图 13－1 中 B 和 C),如果利用 *Pst*Ⅰ酶切重组子,重组子 B 将产生一个短的 DNA 片段(图 13－1B 中双箭头指示的区域),而重组子 C 产生一个较长的片段(图 13－1C 中双箭头指示的区域),因此根据酶切出 DNA 片段的大小即可鉴定出重组子的插入方向。

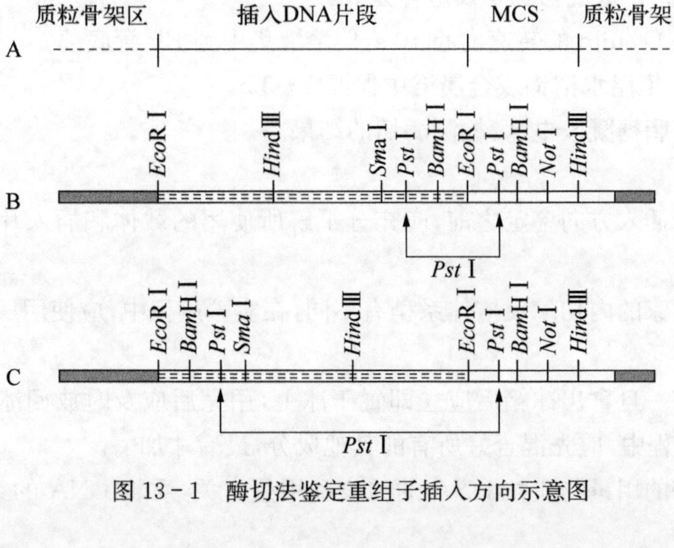

图 13－1　酶切法鉴定重组子插入方向示意图

【实验器材、材料与试剂】

1. 器材

恒温水浴锅或金属浴、离心机、微量移液枪、0.5 mL EP管、10 μL和200 μL的枪头。

2. 材料与试剂

(1) 含插入DNA片段的重组质粒DNA。

(2) 限制性内切酶。

(3) 限制性内切酶的10×酶切缓冲液。

(4) 待鉴定的重组子质粒DNA。

【操作步骤】

1. 取待鉴定的重组子质粒DNA 5 μL(1~2 μg)。

2. 按表13-1配制酶切体系(50 μL)。

表13-1 酶切体系

试剂	加入体积
10×酶切缓冲液	5 μL
质粒DNA	5 μL
限制性内切酶	3~10 U
双蒸水(ddH_2O)	加至总体积50 μL

3. 轻弹EP管壁混匀酶切反应体系。

4. 以3 000 r/min的转速离心10 s,使溶液集中到EP管底部。

5. 在37℃恒温水浴锅或金属浴中保温1~3 h。

6. 进行琼脂糖凝胶电泳,检测酶切的结果。

【要点提示】

1. 在进行插入方向鉴定之前,应充分了解所使用的载体和插入片段的酶切位点分布。

2. 不同厂家的内切酶反应体系稍有不同,在实验过程中,应使用厂家推荐的最优反应体系。

3. 内切酶一旦拿出冰箱后应立即置于冰上,用完后应及时放回冰箱。在配制酶切体系的过程中,应先混合好所有的其他成分,最后才加酶。

4. 内切酶的用量与质粒DNA的纯度和用量有关,质粒DNA的纯度好、用量少，则可以用较少量的酶，反之则应加大酶量。

【思考题】

1. 酶切法鉴定重组子插入方向的原理是什么？

2. 就本实验中的示意图来说，请找出另外一个可以用来鉴定重组子的插入方向的酶或酶切组合，并说明酶切后所得酶切片段的大小。

实验14 噬菌体铺板

【实验目的】

1. 了解噬菌斑形成的基本原理。

2. 掌握噬菌体铺板的操作技术。

【实验原理】

噬菌体是一类细菌病毒。噬菌斑是由单个噬菌体感染单个细菌后形成的。第一次感染后合成的子代噬菌体感染邻近细菌，然后又产生下一代噬菌体。细菌在半固体培养基(如含琼脂或琼脂糖)上生长时，子代噬菌体的扩散是有限的。M13噬菌体感染大肠杆菌后，不会导致宿主细胞死亡，但感染了M13噬菌体的大肠杆菌的倍增时间较未感染的长，因而在快速生长的细菌层中就出现了慢速生长的噬菌斑，因而M13噬菌体形成的噬菌斑是"浑浊"的。而行使溶菌生活方式的λ噬菌体感染宿主后会导致宿主细胞死亡，所以连续感染的λ噬菌体形成一个不断扩大的溶菌圈；经过几个小时培养后，在混浊的细菌生长背景中形成了一个相对清亮的圆形噬菌斑。

【实验器材、材料与试剂】

1. 器材

灭菌培养皿、灭菌玻璃试管、恒温摇床、恒温水浴摇床、低温离心机、制冰机、玻璃三角瓶、1.5 mL EP管、恒温水浴锅、恒温烘箱、超净工作台。

2. 材料

M13 mp18/19 DNA、λ噬菌体、JM109菌株。

3. 试剂

(1) LB液体培养基：同实验1。

(2) LB固体培养基：同实验1。

(3) LB上层琼脂糖：称取琼脂糖(琼脂粉也可)7 g，加入1 L LB液体培养基中，高温高压灭菌。

(4) 0.1 mol/L $CaCl_2$ 灭菌溶液。

(5) 2%(m/V) X-gal(5-溴-4-氯-3-吲哚-β-D-半乳糖苷)溶液：同实验7。

(6) 20%(m/V)IPTG(异丙基硫代-β-D-半乳糖苷):同实验 7。

(7) 1 mol/L $MgCl_2$ 灭菌溶液。

(8) 10 mmol/L $MgSO_4$ 灭菌溶液。

【实验步骤】

1. 铺板细菌准备

(1) 取 JM109 菌株的甘油保存菌液在 LB 平板上划线。37℃恒温烘箱培养 16~24 h。

(2) 挑取步骤(1)制备的平板上分离良好的单菌落接种于含 3 mL LB 液体培养基的无菌试管中,37℃旋转摇床培养 4~6 h。

(3) 室温下,以 4 000 g 离心 10 min,收集细胞。弃上清液,用 10 mmol/L 的 $MgSO_4$ 重悬,使 $A_{600}=0.5$,贮存于 4℃,可用于 λ 噬菌体铺板。

(4) 将步骤(2)中的菌液冰浴冷却 20 min,用 LB 液体培养基稀释至 $A_{600}=0.5$ 贮存于 4℃,可用于 M13 噬菌体铺板。这种铺板细菌可在 4℃保存 1 周以上。

2. 感受态细胞制备($CaCl_2$ 法)

(1) 取步骤 1-(1)中的单个分离良好的单菌落接种于含 3 mL LB 液体培养基的无菌试管中,37℃摇菌过夜。

(2) 取 500 μL 过夜菌液接种 50 mL LB 液体培养基,37℃摇培 3~4 h(视生长情况而定)。

(3) 将摇好的细菌转移到一个无菌的、用冰预冷的 50 mL 聚丙烯管中,在冰上放置20 min。

(4) 4℃、4 000 r/min 离心 10 min,弃上清液,然后用 0.1 mol/L $CaCl_2$ 溶液 5 mL 重悬菌体,冰浴 5 min。

(5) 4℃、4 000 r/min 离心 10 min,弃上清液,然后用 0.1 mol/L $CaCl_2$ 溶液 2 mL 重悬菌体,4℃保存备用。

3. M13 噬菌体铺板

(1) 将倒好的 LB 平板倒置放在 48℃恒温烘箱中平衡。

(2) 准备装有 3 mL 融化的 LB 上层琼脂糖/琼脂的无菌试管,试管在 48℃水浴中保温。

(3) 取 5~10 ng 的 M13 mp18/19 DNA 溶液加入含 50 μL 步骤 2-(5)中制备的感受态细胞中,混匀,冰浴 30 min。

(4) 42℃热激 90 s,迅速冰浴 2~3 min。

(5) 加入 400 μL LB 液体培养基,37℃水浴温育 45 min。

(6) 加入 200 μL 步骤 1-(4)制备的铺板细菌,摇匀。

(7) 在装有上层琼脂糖/琼脂的试管中分别加入 2% X-gal 溶液 40 μL 和 20% IPTG 溶液 4 μL。

(8) 将步骤 3-(6)制备的感染培养物倒入上层琼脂中,振荡混匀后,快速倒入已平衡好的 LB 平板上。转动平板使上层琼脂糖/琼脂和菌体分布均匀。

(9) 盖上平皿,室温放置 5 min,使上层琼脂糖/琼脂凝固,平板倒置放于 37℃培养。

4. λ 噬菌体铺板

(1) 在无菌试管中加入 200 μL 步骤 1-(3)制备的铺板细菌和适量的 λ 噬菌体,混匀,37℃温浴 20 min。

(2) 准备装有 3 mL 融化的 LB 上层琼脂糖/琼脂的无菌试管,试管在 48℃水浴中保温。

(3) 将步骤 4-(1)制备的感染培养物倒入上层琼脂糖/琼脂中,振荡混匀后,快速倒入已平衡好的 LB 平板中央。转动平板使上层琼脂糖/琼脂和菌体分布均匀。

(4) 盖上平皿,室温放置 5 min,使上层琼脂糖/琼脂凝固,平板倒置放于 37℃培养。

【要点提示】

1. 本实验的各项操作均在超净工作台上进行,请注意保持无菌状态。

2. 在将噬菌体与上层琼脂糖/琼脂混合后倒到 LB 平板上时,动作一定要迅速,否则上层琼脂糖/琼脂很容易凝固。

3. 如果使用 M13 噬菌体,可省略感受态细胞的制备和转染的过程。

【思考题】

1. 噬菌斑与实验 7 中菌落形成的原理有何不同?

2. M13 和 λ 噬菌体形成的噬菌斑有何不同? 为什么?

实验 15　M13 噬菌体 DNA 的提取

【实验目的】

1. 掌握 M13 噬菌体 DNA 提取的原理。

2. 了解 M13 噬菌体 DNA 提取的方法。

【实验原理】

M13 噬菌体是一种单链丝状噬菌体，其噬菌体 DNA 的复制是以双链环形 DNA 为中间媒介的。感染 M13 噬菌体的细菌体内含有病毒双链 RF DNA，而培养基中的病毒颗粒含单链子代病毒 DNA。双链 RF DNA 可以采用类似于质粒纯化的方法从感染细胞的培养物中分离。含单链 DNA 病毒颗粒从感染细胞分泌至培养液中，在高盐的条件下，病毒颗粒被聚乙二醇（polyethylene glycol，PEG）沉淀浓缩，然后用酚分离释放单链 DNA，最后用乙醇沉淀收集单链 DNA。

【实验器材、材料与试剂】

1. 器材

灭菌培养皿、灭菌玻璃试管、恒温摇床、恒温温箱、低温离心机、制冰机、玻璃三角瓶、1.5 mL EP 管、超净工作台、接种针。

2. 材料

实验 14 中形成的 M13 噬菌体的噬菌斑，JM109 菌株。

3. 试剂

(1) LB 固体、液体培养基：同实验 1。

(2) 1 mol/L $MgCl_2$ 灭菌溶液。

(3) 溶液Ⅰ、Ⅱ、Ⅲ：同实验 1。

(4) Tris－Cl 平衡酚。

(5) 酚∶氯仿∶异戊醇：同实验 1。

(6) 氯仿。

(7) 无水乙醇。

(8) 70％乙醇。

(9) 异丙醇。

(10) 20％(m/V)PEG(8 000)：溶于 2.5 mol/L NaCl。

(11) 3 mol/L NaAc(pH 5.2)：称取 408.3 g 三水乙酸钠，溶解于 800 mL 水中，用冰醋酸调节 pH 至 5.0，定容至 1 L。分装成小份，高压蒸汽灭菌。

(12) TE 缓冲液(pH 8.0)：同实验 1。

【实验步骤】

1. 取 JM109 菌株的甘油保存菌液在 LB 平板上划线。37℃培养 16～24 h。

2. 挑取步骤 1 制备的平板上单个分离良好的单菌落接种于含 5 mL LB 液体培养基的无菌试管中，37℃温和振荡培养 12 h。

3. 取 100 μL 过夜培养菌接种 5 mL 含 5 mmol/L $MgCl_2$ 的液体 LB 培养基中，37℃剧烈震荡培养 2 h。

4. 用无菌接种针挑取噬菌斑，在液体 LB 培养基中漂洗，制备噬菌体悬液。悬液室温放置 1～2 h，这就是制备好的噬菌体原种。

5. 取 100 μL 噬菌体悬液(步骤 4 制备)，感染 1 mL 步骤 3 制备的细菌培养物，37℃温和振荡培养 5 h。

6. 培养液转至一个 1.5 mL 的 EP 管中，12 000 r/min、室温离心 5 min，细菌沉淀用于制备双链 RF DNA(实验步骤 7～15)，上清液移至一个新 EP 管中，用于制备单链 DNA(实验步骤 16～25)。

7. 在细菌沉淀中加入 100 μL 预冷的溶液Ⅰ，涡旋，重悬细菌沉淀。

8. 加 200 μL 新配制的溶液Ⅱ。盖紧盖子，快速颠倒混匀，冰上放置 2 min。

9. 加 150 μL 预冷的溶液Ⅲ。盖紧盖子，颠倒混合数次，冰上放置 3～5 min。

10. 4℃，以最大转速离心 5 min，上清液移至一新 EP 管中。

11. 加入等体积的酚∶氯仿∶异戊醇，振荡混匀，12 000 r/min 离心 5 min，将水相移至一新 EP 管中。

12. 加入 2 倍体积的无水乙醇，振荡混匀，室温放置 2 min。

13. 4℃，以最大转速离心 5 min，弃去上清液。

14. 加入 70%(*V*/*V*)乙醇 1 mL，离心 2 min，弃上清液，室温干燥。

15. 用 20 μL TE(pH 8.0)缓冲液重悬 RF DNA 沉淀，获得纯化的双链 DNA。

16. 在步骤 6 的上清液中加入 200 μL 溶于 2.5 mol/L NaCl 的 20%(*m*/*V*) PEG，颠倒数次混合溶液，温和振荡，室温放置 15 min。

17. 4℃，以最大转速离心 5 min，弃上清液。

18. 用 100 μL TE(pH 8.0)重悬噬菌体颗粒沉淀。

19. 加入 100 μL Tris－Cl 平衡酚，振荡 30 s 充分混合，室温放置 1 min，再振荡 30 s。

20. 最大转速离心 5 min，将上清液移至一个新 EP 管中。

21. 在 0.3 mol/L NaAc 存在下，加入 2～2.5 倍体积的无水乙醇，室温放置 15～30 min 或 −20℃过夜。

22. 4℃，12 000 r/min，离心 10 min，回收单链 DNA 沉淀。

23. 用 200 μL 70%(*V*/*V*)乙醇洗沉淀，4℃下，以最大转速离心 5～10 min。立刻轻轻吸去上清液。

24. 室温干燥沉淀后，加入 20 μL TE(pH 8.0)缓冲液溶解沉淀，37℃温育 5 min 以加速 DNA 溶解。

25. 电泳检测制备的噬菌体 DNA。

【要点提示】

1. 在提取双链 DNA 时，加入溶液Ⅱ后混匀时动作一定要轻柔。

2. 溶液Ⅱ中的 NaOH 要现用现配。

3. 在提取单链 DNA 时，噬菌体颗粒沉淀几乎看不到，操作时应注意不要把沉淀丢掉。

【思考题】

1. M13 噬菌体 DNA 的提取方法与质粒 DNA 的提取方法有何异同？为什么？

2. PEG 在本实验中有什么作用？

实验 16　SDS 法小量提取植物基因组 DNA

【实验目的】

1. 掌握 SDS 法从植物组织中提取 DNA 的方法。

2. 掌握植物基因组 DNA 提取的原理。

【实验原理】

植物 DNA 的提取程序应包括以下几个步骤：

首先，必须破碎（或消化）细胞壁释放出细胞的内容物。通常采用机械研磨的方法破碎植物的组织和细胞，即将新鲜植物组织在干冰或液氮中快速冷冻后，再用研钵将其磨成粉。在液氮中研磨，材料易于破碎，并减少研磨过程中各种酶类的作用。

其次，必须破坏细胞膜使 DNA 释放到提取缓冲液中。这一步骤通常使用 SDS 或 CTAB 一类的去污剂来溶解细胞膜和核膜蛋白质，使核蛋白质解聚，从而使 DNA 得以游离出来。去污剂还可以保护 DNA 免受内源核酸酶的降解。通常提取缓冲液中还包含 EDTA，它可以螯合大多数核酸酶所需的辅助因子——镁离子，抑制核酸酶活性。此外，由于植物细胞匀浆含有多种酶类（尤其是氧化酶类）对 DNA 的抽提产生不利的影响，在抽提缓冲液中需加入抗氧化剂或强还原剂（如巯基乙醇）以降低这些酶类的活性。

最后，可通过氯仿或苯酚抽提处理除去蛋白质，可通过 RNase A 处理降解并除去 RNA，然后利用无水乙醇或异丙醇使 DNA 沉淀，沉淀 DNA 溶于 TE 溶液中，即得植物总 DNA 溶液。

本实验使用高浓度阴离子去污剂 SDS 抽提缓冲液，在 55℃下对植物细胞进行裂解，用氯仿除去蛋白质，留存在水溶液中的 DNA 用无水乙醇沉淀。

【实验器材、材料与试剂】

1. 器材

研钵、水浴锅、高速台式离心机、微量移液枪、恒温箱、水平式琼脂糖凝胶电泳系统、1.5 mL EP 管、枪头。

2. 材料

新鲜豌豆叶片。

3. 试剂

(1) 液氮。

(2) DNA 提取液：含 0.2 mol/L Tris－Cl(pH 8.0)，50 mmol/L EDTA(pH 8.0)，100 mmol/L NaCl，2%(m/V) SDS，10 mmol/L 巯基乙醇(用前加入)。

(3) 氯仿。

(4) 无水乙醇。

(5) 70%(V/V)乙醇。

(6) 限制性内切酶。

(7) 琼脂糖。

(8) 50×TAE：同实验 4。

(9) 溴化乙锭(EB)母液：同实验 4。

【实验步骤】

1. 取新鲜豌豆叶片，放于用液氮预冷的研钵中研磨，尽量细。

2. 取 0.3 g 材料放于 1.5 mL EP 管中，加入 600 μL 提取液，65℃保温 10 min。

3. 8 000 r/min 离心 10 min，取上清液。

4. 加入 600 μL 氯仿，振荡，13 000 r/min 离心 5 min。

5. 取上清液，加入 2 倍体积的预冷的无水乙醇，轻轻地颠倒混匀。

6. 13 000 r/min 离心 10 min。

7. 弃上清液，用 70%(V/V)乙醇洗涤沉淀两次。室温风干。

8. 将沉淀溶于 30 μL 灭菌的双蒸水中。

9. 取 10 μg 植物基因组 DNA，用 10 U 特定限制性内切酶，37℃消化 30～60 min。

10. 在 0.7%(V/V)的琼脂糖凝胶(含 0.5 μg/mL 溴化乙锭)上恒压电泳(电压＜5 V/cm)，检测基因组 DNA 及酶切情况。

【要点提示】

1. 叶片磨得越细越好。

2. SDS 法提取出的 DNA 常含有较多的多糖，不适用于从多糖含量高的植物组织中提取基因组 DNA。

3. 基因组 DNA 一般比较大，防止 DNA 因机械剪切而断裂，避免剧烈振荡或小孔枪头快速抽吸溶液中的 DNA。一般说来，如果操作得当，可以得到 50～100 kb 的 DNA。

4. 不同的植物所含的主要杂质也不一样(如有些植物酚类物质含量较高，有的糖类含量较高),要根据不同植物的特性选择不同的基因组 DNA 提取方法。

5. 由于植物细胞中含有大量的 DNA 酶,因此,除在抽提液中加入 EDTA 抑制酶的活性外,第一步的操作应迅速,以免组织解冻,导致细胞裂解,释放出 DNA 酶,使 DNA 降解。

【思考题】

植物基因组 DNA 与动物基因组 DNA 提取的过程有何不同?

实验 17　CTAB 法小量提取植物基因组 DNA

【实验目的】

1. 理解植物基因组 DNA 提取的原理。

2. 掌握 CTAB 法从植物组织中提取 DNA 的方法。

【实验原理】

CTAB(cetyltrimethylammonium bromide，十六烷基三甲基溴化铵)是一种阳离子去污剂，在低离子强度溶液中沉淀核酸与酸性多聚糖。在高离子强度的溶液中(>0.7 mol/L NaCl)，CTAB 与蛋白质和多聚糖形成复合物，在此条件下，DNA 呈可溶状态。

在本实验中利用 CTAB 破坏细胞膜，使 DNA 释放出来。在高盐溶液中 CTAB 与蛋白质和多糖形成复合物后，通过有机溶剂抽提去除蛋白质、多糖、酚类等杂质，最后加入异丙醇即可使 DNA 分离出来。

【器材、材料与试剂】

1. 器材

同实验 16。

2. 材料

新鲜豌豆叶片。

3. 试剂

(1) CTAB 提取液：含 100 mmol/L Tris-Cl(pH 8.0)，1.4 mol/L NaCl，20 mmol/L EDTA(pH 8.0)，2%(*m*/*V*) CTAB 和 0.2%巯基乙醇 (用前加入) 溶液。

(2) 氯仿:异戊醇：同实验 1。

(3) 异丙醇。

(4) 70%(*V*/*V*)乙醇。

(5) RNase A(10 mg/mL)：同实验 1。

(6) 限制性内切酶(快酶)。

(7) 琼脂糖。

(8) 50×TAE：同实验 4。

(9) 溴化乙锭(EB)母液：同实验 4。

【实验步骤】

1. 将新鲜豌豆叶片放入经液氮预冷的研钵中，研磨得尽量细。

2. 取少许材料加入 1.5 mL EP 管中，加 600 μL 65℃预热的 CTAB 提取液，快速混匀。

3. 65℃保温 30 min，不时颠倒混匀。

4. 待冷至室温后加 500 μL 氯仿:异戊醇，颠倒混匀使溶液呈乳浊状(不要振荡)，12 000 r/min 离心 5 min。

5. 取上清液，加入 600 μL 预冷的异丙醇，颠倒混匀。

6. 12 000 r/min 离心 10 min，沉淀 DNA，弃上清液。依次用 800 μL 70%(*V*/*V*)乙醇洗涤沉淀两次。

7. 稍干燥，将 DNA 沉淀溶解于 30 μL 灭菌的双蒸水(含 RNase A)，37℃保温 30 min 消化 RNA，4℃保存。

8. 取 10 μg 基因组 DNA，用 10 U 特定限制性内切酶，37℃消化 30～60 min。

9. 在 0.7%(*m*/*V*)的琼脂糖凝胶上稳压电泳，检测基因组 DNA 及酶切情况。

【要点提示】

1. CTAB 溶液在低于 15℃时会形成沉淀析出，因此在将其加入冰冷的植物材料之前必须预热，且离心时温度不要低于 15℃。

2. 因为基因组 DNA 一般比较大，为防止 DNA 因机械剪切而断裂，应避免剧烈振荡或小孔枪头快速抽吸溶液中的 DNA。一般说来，如果操作得当，可以得到长度为 50～100 kb 的 DNA。

3. 不同的植物所含的主要杂质也不一样(如有些植物酚类物质含量较高，有的糖类含量较高)，要根据不同植物的特性选择不同的基因组 DNA 提取方法。

【思考题】

本实验中所用方法与实验 16 的实验方法相比，提取的 DNA 质量有何区别?

实验 18　动物组织细胞基因组 DNA 提取

【实验目的】

掌握动物组织样品基因组 DNA 提取的原理与方法。

【实验原理】

真核生物的 DNA 以染色体的形式存在于细胞核内，因此，制备 DNA 的原则是既要将 DNA 与蛋白质、脂类和糖类等分离，又要保持 DNA 分子的完整性。提取 DNA 的一般过程是将分散好的组织细胞在含十二烷基硫酸钠(sodium dodecylsulfate，SDS)和蛋白质酶 K 的溶液中消化分解蛋白质，再用酚和氯仿∶异戊醇抽提分离蛋白质，得到的 DNA 溶液经乙醇沉淀使 DNA 从溶液中析出。

在匀浆后提取 DNA 的反应体系中，SDS 可破坏细胞膜、核膜，并使组织蛋白质与 DNA 分离，EDTA 则抑制细胞中 DNase 的活性；而蛋白质酶 K 可将蛋白质降解成小肽或氨基酸，使 DNA 分子完整地分离出来。

【实验器材、材料与试剂】

1. 器材

恒温水浴锅、台式离心机、紫外分光光度计、移液枪、玻璃匀浆器、EP 管(灭菌)、枪头(灭菌)。

2. 材料

新鲜或冰冻动物组织。

3. 试剂

(1) 细胞裂解缓冲液：含 100 mmol/L Tris - Cl (pH 8.0)、500 mmol/L EDTA(pH 8.0)、20 mmol/L NaCl、10%(m/V)SDS 和 20 μg/mL RNase A。

(2) 蛋白质酶 K(proteinase K)：称取 20 mg 蛋白质酶 K 溶于 1 mL 灭菌的双蒸水中，−20℃备用。

(3) TE 缓冲液(pH 8.0)：同实验 1。

(4) 酚∶氯仿∶异戊醇(25∶24∶1)：同实验 1。

(5) 氯仿∶异戊醇(24∶1)抽提液：同实验 1。

(6) 7.5 mol/L 乙酸铵。

(7) 异丙醇。

(8) 无水乙醇。

(9) 70%(*V*/*V*)乙醇。

(10) 灭菌水。

【实验步骤】

1. 取新鲜或冰冻动物组织块 0.1 g,尽量剪碎。置于玻璃匀浆器中,加入 1 mL 细胞裂解缓冲液,匀浆至不见组织块。

2. 转入 1.5 mL EP 管中,加入蛋白质酶 K 20 μL,混匀。在 65℃恒温水浴锅中水浴 30 min,也可转入 37℃水浴 12~24 h,间歇振荡 EP 管数次。

3. 12 000 r/min 离心 5 min,取上清液入另一 EP 管中。

4. 加入 2 倍体积异丙醇,颠倒混匀后,可以看见丝状物,用 100 μL 枪头挑出丝状物,晾干,用 200 μL TE 缓冲液重新溶解。

5. 加等体积的酚∶氯仿∶异戊醇混合液振荡混匀,12 000 r/min 离心 5 min。

6. 取上层溶液至另一管,加入等体积的氯仿∶异戊醇,振荡混匀,12 000 r/min 离心 5 min。

7. 取上层溶液至另一管,加入 1/2 体积的 7.5 mol/L 乙酸铵,再加入 2 倍体积的无水乙醇,混匀后室温沉淀 2 min,12 000 r/min 离心 10 min。

8. 小心弃上清液,将 EP 管倒置于吸水纸上,将附于管壁的残余液滴除掉。

9. 用 1 mL 70% 乙醇洗涤沉淀物 1 次,12 000 r/min,离心 5 min。

10. 小心弃上清液,将 EP 管倒置于吸水纸上,将附于管壁的残余液滴除掉,室温干燥。

11. 加 200 μL TE 重新溶解沉淀物,然后置于 4℃或−20℃保存备用。

12. 用 0.7%(*m*/*V*)的琼脂糖凝胶电泳检测基因组 DNA。

【要点提示】

1. 选择的实验材料要新鲜,处理时间不宜过长。

2. 在加入细胞裂解缓冲液前,细胞必须均匀分散,以减少 DNA 团块形成。

3. 提取的 DNA 过干燥,会导致 DNA 溶解困难。

4. 电泳检测时 DNA 呈弥散状,说明可能因操作不慎导致 DNA 断裂,或有核酸酶污染。

5. 酚∶氯仿∶异戊醇抽提后,如上清液太黏不易吸取,说明含高浓度的 DNA,可加大抽提前缓冲液的量或减少所取组织的量。

【思考题】

动物基因组 DNA 是否可用实验 1 中的碱裂解法进行提取?请说明原因。

实验 19　血液基因组 DNA 的纯化分离

【实验目的】

掌握动物全血基因组 DNA 提取的方法。

【实验原理】

真核生物的 DNA 以染色体的形式存在于细胞核内，而成熟的红细胞除禽类外没有细胞核，因此，制备血液 DNA 首先要分离白细胞，再将分散好的白细胞在含 SDS 和蛋白质酶 K 的溶液中消化分解蛋白质，再用酚和氯仿:异戊醇抽提分离蛋白质，得到的 DNA 溶液经乙醇沉淀使 DNA 从溶液中析出。

【实验器材、材料与试剂】

1. 器材

制冰机、冰箱、冷冻低温超速离心机、常温高速离心机、移液枪、旋转摇床、恒温箱、恒温水浴箱、离心管架、真空干燥器、EP 管和枪头。

2. 材料

冰冻的血样。

3. 试剂

(1) PBS-缓冲液：称取 NaCl 8 g、KCl 0.2 g、Na_2HPO_4 1.44 g 和 KH_2PO_4 0.24 g。溶解于 800 mL 水中，用 HCl 调节 pH 至 7.4，定容至 1 L。分装后高压灭菌或过滤除菌，室温保存。

(2) 提取液：含 10 mmol/L Tris-Cl (pH 8.0)、0.1 mol/L EDTA(pH 8.0)和 0.5%(*m*/*V*)SDS，高温高压灭菌。

(3) 20 mg/mL 蛋白质酶 K：同实验 18。

(4) Tris-Cl(pH 8.0)平衡的苯酚。

(5) 氯仿。

(6) 10 mol/L 乙酸铵。

(7) 无水乙醇。

(8) 70%(*V*/*V*)乙醇。

(9) TE 缓冲液：同实验 1。

【实验步骤】

1. 冰冻的血样在室温水浴中融化。

2. 10 mL 全血转入一个无菌的 50 mL EP 管中。加入 1 倍体积的 PBS 缓冲液并混匀稀释。

3. 室温下,以 3 500 *g* 的相对离心力离心 15 min。弃去上清液。

4. 沉淀物中加入 3.5 mL 提取液使其悬浮,然后 37℃水浴 1 h。

5. 加入 25 μL 20 mg/mL 的蛋白质酶 K,在 60～65℃的恒温箱中保温 3 h。

6. 加入 1 倍体积的酚(pH 8.0),放旋转摇床晃动 10～30 min, 5 000 *g*、4℃离心 20 min。

7. 将上清水相移到一个无菌干净的 EP 管中。

8. 加入 0.5 倍体积的酚和 0.5 倍体积的氯仿,翻转摇动 10 min,4℃下,5 000 *g* 离心 15 min。

9. 将上清水相移到一个无菌干净的 EP 管中。

10. 加入 1 倍体积氯仿,翻转摇动 10 min,4℃、5 000 *g* 离心 15 min。

11. 将水相移到一个无菌干净的 EP 管中。

12. 加入 0.2 倍体积乙酸铵,放置冰上。加入 2 倍体积冰冷的无水乙醇,轻轻翻转摇动,然后冰上放置 10～30 min,直到 DNA 析出。

13. 用一玻璃钩将白色 DNA 团钩出,放进一个 1.5 mL 的 EP 管,加入 500 μL 70%乙醇并晃动,5 000 *g* 离心 3～5 min,弃去乙醇,空气干燥。

14. 根据 DNA 的量,加入 500～1 000 μL TE-缓冲液,保存于 4℃过夜,使其完全溶解,用紫外分光光度计测定浓度后,−80℃保存。

【思考题】

1. 血液基因组 DNA 提取的原理是什么?

2. 本实验中血液基因组 DNA 提取方法与实验 18 中的方法有何异同点?为什么?

实验20　Trizol 试剂快速提取植(动)物总 RNA

【实验目的】

1. 学习用 Trizol 试剂从动植物组织中提取总 RNA 的方法。

2. 了解总 RNA 提取的原理。

【实验原理】

RNA 是一类极易降解的分子。要获得完整的 RNA,必须在提取过程中最大限度地抑制内源性及外源性 RNA 酶对 RNA 的降解作用。Trizol 试剂是由苯酚和异硫氰酸胍配制而成的快速抽提总 RNA 的一种混合生化试剂,在匀浆和裂解过程中,Trizol 试剂通过异硫氰酸胍这种高强度的变性剂使 RNA 酶失活,确保 RNA 从细胞中释放出来时不被降解,然后通过苯酚:氯仿抽提,除去蛋白质等杂质,抽提的样品经离心后分相,RNA 存在于水相中,将水相转管,再用异丙醇沉淀 RNA,即得到纯化的总 RNA。Trizol 方法得到的总 RNA 可以用于 RNA 印迹法(Northern blotting)、反转录 PCR(reverse transcription PCR, RT - PCR)、分离 mRNA、体外翻译和分子克隆等。

【实验器材、材料与试剂】

1. 器材

200℃以上烘箱、低温离心机、恒温水浴锅、微量移液枪、枪头、1.5 mL EP 管、陶瓷研钵、研棒、剪刀、一次性手套。

2. 材料

新鲜植物(或动物)材料。

3. 试剂

(1) Trizol 试剂。

(2) 氯仿。

(3) 异丙醇。

(4) 75%(*V*/*V*)乙醇。

(5) 焦碳酸二乙酯(DEPC)。

(6) 0.1%(*V*/*V*)DEPC 水:取 0.2 mL DEPC(焦炭酸二乙酯)加到 200 mL 水

中,充分搅拌混匀,室温放置过夜,高压蒸汽灭菌 15 min。

【实验步骤】

1. 取新鲜植物(或动物)材料,在液氮中研磨成粉末,取 0.1 g 粉末(建议加入 0.05～0.1 g 样品,加入样品过多,RNA 提取率和质量反而下降)移入 1.5 mL EP管。

2. 加入 1 mL Trizol 试剂(样品体积不能超过 Trizol 体积的 1/10),充分混匀。4℃、12 000 r/min 离心 10 min。

3. 上清液移入新的 EP 管中,加入 0.2 mL 氯仿,迅速摇动 15 s,室温放置3 min。

4. 4℃、12 000 r/min 离心 10 min,上清液移入新管,加入 1 倍体积的异丙醇,充分混匀,室温放置 10 min。

5. 4℃、12 000 r/min 离心 10 min,弃上清液,用 75%(*V*/*V*)乙醇洗涤沉淀。

6. 室温干燥后,RNA 沉淀溶于 10 μL DEPC 水中,或溶于甲酰胺溶液中(甲酰胺可以有效地防止 RNA 降解,有利于长期保存 RNA)。放于－20℃贮存备用。

【要点提示】

要避免环境中 RNA 酶污染,操作时要戴手套,所有枪头和 EP 管用 0.1%(*V*/*V*) DEPC 水处理,移液枪保证洁净无 RNA 酶污染。如果把试剂放在超净台(普通超净台或专用的桌面、PCR 超净台)中操作,可以有效减少 RNA 酶污染。

【思考题】

RNA 提取过程中应该注意什么? 与基因组 DNA 提取相比,有何不同?

实验21 离心柱型方法纯化植物组织总RNA

【实验目的】

学习用离心柱型试剂盒纯化总RNA的基本原理和操作方法。

【实验原理】

RNA极易降解，要获得完整的RNA，必须在提取过程中抑制内源和外源RNA酶活性，缩短纯化过程。利用RNA离心柱型纯化试剂盒，可以快捷地纯化高质量RNA，其基本过程是先将植物组织破碎，再用异硫氰酸胍（较强的RNA酶活性抑制剂）裂解细胞，此时RNA进入裂解上清液，然后将裂解上清液中RNA吸附在Silica片上，洗涤膜片，除去不被Silica吸附的杂质（如蛋白质、糖类和小分子），用DNase Ⅰ降解吸附在膜上的少量DNA污染，最后用纯水来解吸膜上的RNA，离心回收。该方法提取的高纯度总RNA可用于RT-PCR、实时PCR（real-time PCR）、芯片分析和RNA印迹法等多种分子生物学实验。

【实验器材、材料与试剂】

1. 器材

200℃以上烘箱、低温离心机、恒温水浴锅、陶瓷研钵、研棒、微量移液枪、Tip头、剪刀、一次性手套。

2. 材料

新鲜植物叶片。

3. 试剂

(1) 无水乙醇。

(2) 天根生化科技（北京）有限公司植物组织总RNA提取试剂盒：试剂盒包含试剂见表21-1。

表21-1 植物组织总RNA提取试剂盒成分

产品组成（50次）	数量
裂解液RL(Buffer RL)	30 mL
去蛋白液RW1(Buffer RW1)	40 mL

续 表

产品组成(50 次)	数量
漂洗液 RW(Buffer RW)	12 mL
无 RNA 酶双蒸水(RNase-Free ddH$_2$O)	15 mL
无 RNA 酶吸附柱 CR3(含 2 mL 收集管)(RNase-Free Columns CR3 set)	50 套
无 RNA 酶过滤柱 CS(含 2 mL 收集管)(RNase-Free Columns CS set)	50 套
无 RNA 酶离心管(1.5 mL)[RNase-Free Centrifuge Tubes (1.5 mL)]	50 个
无 RNA 酶 DNase Ⅰ(1 500 U)	1 支
RDD 缓冲液(Buffer RDD)	4 mL
无 RNA 酶双蒸水(RNase-Free ddH$_2$O)	1 mL

【实验步骤】

1. 将植物叶片在液氮中迅速研磨成粉末,取 50~100 mg 粉末,加入 450 μL 裂解液 RL(使用前加入 β-巯基乙醇),涡旋剧烈振荡混匀。

2. 将所有溶液转移至过滤柱 CS 上(过滤柱 CS 放在收集管中),12 000 r/min 离心 2~5 min,用移液枪小心将收集管中的上清液移至 RNase - Free 的离心管中,吸取时吸头尽量避免接触收集管中的细胞碎片沉淀。注意:由于裂解液较黏稠,所以将溶液转移至过滤柱时,可以剪去部分吸头末端。

3. 缓慢加入 0.5 倍上清液体积的无水乙醇(通常为 225 μL),混匀(此时可能会出现沉淀),将得到的溶液和沉淀一起转入吸附柱 CR3 中,12 000 r/min 离心 30~60 s,倒掉收集管中的废液,将吸附柱 CR3 放回收集管中。注意:如果上清液体积有损失,请相应调整乙醇的加量。

4. 向吸附柱 CR3 中加入 350 μL 去蛋白液 RW1,12 000 r/min 离心 30~60 s,倒掉收集管中的废液,将吸附柱 CR3 放回收集管中。

5. DNase I 工作液的配制:取 10 μL DNase I 储存液放入新的 RNase - Free 离心管中,加入 70 μL RDD 溶液,轻柔混匀。

6. 向吸附柱 CR3 中央加入 80 μL 的 DNase I 工作液,室温放置 15 min。

7. 向吸附柱 CR3 中加入 350 μL 去蛋白液 RW1, 12 000 r/min 离心 30~60 s,倒掉收集管中的废液,将吸附柱 CR3 放回收集管中。

8. 向吸附柱 CR3 中加入 500 μL 漂洗液 RW(使用前请先检查是否已加入乙醇),室温静置 2 min,12 000 r/min 离心 30~60 s,倒掉收集管中的废液,将吸附柱 CR3 放回收集管中。

9. 重复步骤 8。

10. 12 000 r/min 离心 2 min,倒掉废液。将吸附柱 CR3 置于室温放置数分钟，以彻底晾干吸附材料中残余的漂洗液。注意：此步骤目的是将吸附柱 CR3 中残余的漂洗液去除，漂洗液的残留，可能会影响后续的 RT 等实验。

11. 将吸附柱 CR3 放入一个新的 RNase - Free 离心管中，向吸附膜的中间部位悬空滴加 30～100 μL RNase - Free dd H_2O，室温放置 2 min，12 000 r/min，离心 2min，获得 RNA 溶液。注意：洗脱缓冲液体积不应少于 30 μL，体积过小影响回收效率。RNA 样品请在- 70℃中保存。

【要点提示】

1. 操作过程中经常更换新手套，因为皮肤上经常带有细菌和 RNA 酶，可能导致 RNase 污染。

2. 使用无 RNase 的塑料制品和枪头时避免交叉污染，一用一换。

3. RNA 在裂解液 RL 中时不会被 RNase 降解。但提取后继续处理过程中应使用不含 RNase 的塑料和玻璃器皿。玻璃器皿可在 150℃烘烤 4 h，塑料器皿可在 0.5 mol/L NaOH 溶液中浸泡 10 min，然后用水彻底清洗，再灭菌，即可去除 RNase。

4. 配制溶液应使用 RNase - Free dd H_2O。将水加入干净的玻璃瓶中，加入 DEPC 至终浓度为 0.1% (V/V)，混匀后放置过夜，高压灭菌。

5. 操作过程中最好戴口罩，不要在操作台前讲话，以免造成 RNase 污染。

6. DNase I 需提前分装，现用现配，不可反复冻融。

【思考题】

1. 本实验中 RNA 吸附在离心柱上和从离心柱上解吸的原理是什么？

2. 如何保证提取的 RNA 的完整性？

实验 22 植物启动子表达分析——β-葡萄糖醛酸糖苷酶(GUS)组织化学染色

【实验目的】

学习 GUS 组织化学染色的方法；掌握染色的原理。

【实验原理】

β-葡萄糖醛酸糖苷酶(*GUS*)基因是植物转基因中常用的一个报告基因。在 *GUS* 基因上游插入启动子区，*GUS* 的表达就受启动子的控制，由此可以分析植物启动子的特性。筛选出含上述植物表达框架的稳定转化植物后，可利用一个简单的组织化学方法，可以精确地分析 *GUS* 基因的时空表达模式，即启动子的时空活动模式。

X-gluc (5-溴-4-氯-3-吲哚葡糖苷酸)是β-葡萄糖醛酸糖苷酶底物，其产物为不溶的蓝色沉淀。利用 X-gluc 可以精确地进行活体 GUS 活性的定位。用于 GUS 染色的植物材料的制备方法不同，如拟南芥的根、花和叶片可以不做任何处理直接染色，但是像烟草和马铃薯这些植物的茎和叶在染色前必须切成薄片，有时特别是当操作大的组织样品时真空渗入法会有所帮助。

【实验器材、材料与试剂】

1. 器材

真空泵、恒温温箱。

2. 材料

转热诱导的启动子驱动的 *GUS* 基因的烟草叶片。

3. 试剂

(1) 50 mmol/L 磷酸钠缓冲液

A 液：称取 $NaH_2PO_4 \cdot 2H_2O$ 0.78 g，定容至 100 mL。

B 液：称取 $Na_2HPO_4 \cdot 12\ H_2O$ 1.79 g，定容至 100 mL。

取 39 mL A 液和 61 mL B 液混匀即可。

(2) 染色缓冲液：含 0.1 mmol/L $K_3[Fe(CN)_6]$、0.1 mmol/L $K_4[Fe(CN)_6] \cdot 3H_2O$、1 mmol/L EDTA (pH8.0)和 50 mmol/L 磷酸钠缓冲液。

(3) X-gluc 母液：用 N,N -二甲基甲酰胺(DMF，C_3H_7NO)，配成 20 mmol/L 的 X-gluc 母液，-20℃保存。

(4) X-gluc 反应液：取 50 μL X-gluc 母液加到 450 μL 显色缓冲液中混匀即可。

(5) 70% (*V/V*) 乙醇。

【实验步骤】

1. 将 *GUS* 阳性和阴性对照材料烟草叶片切成小块，浸入盛有 100 μL 染色液的 0.5 mL 的 EP 管中。
2. 抽真空后 37℃温育 4～16 h。
3. 叶片等绿色材料转入 70% (*V/V*)乙醇中脱色 2～3 次，至阴性材料呈白色。
4. 肉眼或显微镜下观察，白色背景上的蓝色小点即为 *GUS* 表达位点。
5. 组织可在 70% (*V/V*) 乙醇中保存数日。

【常见问题】

1. 叶片处理时要放在水中，以免叶片脱水变干。
2. X-gluc 的母液要现配现用，防止时间过长失去作用。

【思考题】

1. GUS 组织化学染色的原理是什么？
2. GUS 组织化学染色法可应用于分析基因功能吗？试分析原因。

实验 23　报告基因表达分析——萤火虫萤光素酶检测

【实验目的】

1. 学习萤火虫萤光素酶(luciferase，Luc)活力检测的原理。

2. 掌握发光法检测萤光素酶活力的实验技术。

【实验原理】

萤火虫萤光素酶是 61 kDa 的蛋白质，在含有 ATP 和 Mg^{2+} 作为辅佐因子的环境下，能够将萤光素氧化成氧化萤光素，同时发出萤光，利用荧光检测仪可以灵敏且定量地检测萤光信号，间接地分析萤火虫萤光素酶含量。

本实验使用的植物材料含有高温诱导启动子驱动的萤火虫萤光素酶报告基因，通过分析高温处理前后植物细胞提取液中的萤火虫萤光素酶产生的萤光信号，可以分析高温启动子的诱导活性。

【实验器材、材料与试剂】

1. 器材

植物生长光照培养箱、离心机、化学发光检测仪(GloMax 20/20 Luminometer)、EP 管、微量移液器、研磨棒。

2. 材料

转热诱导启动子驱动的萤火虫萤光素酶基因的拟南芥。

3. 试剂

萤光素酶检测系统试剂盒(Promega 公司；表 23－1)。

表 23－1　萤光素酶检测系统试剂盒组成

组　成	数量
萤光素酶检测底物(冻干粉)[Luciferase Assay Substrate (lyophilized)]	1 瓶
萤光素酶检测缓冲液(Luciferase Assay Buffer)	10 mL
萤光素酶细胞裂解液(Luciferase Cell Culture Lysis Reagent)(5×)	30 mL

注：使用前将萤光素酶检测缓冲液加入萤光素酶检测底物(冻干粉)中，将底物溶解后使用。未使用的试剂放于－70℃保存。

【操作步骤】

1. 将生长约 15 天的拟南芥幼苗 38℃热处理 2 h，分别取没有高温处理和处理不同时间的拟南芥幼苗叶片 100 mg，加入 30 μL 1×荧光素酶细胞裂解液，研磨组织。

2. 研磨 5 min，充分裂解细胞。12 000 r/min 离心 2 min。

3. 取 10 μL 上清，与 25 μL 荧光素酶底物轻轻混匀，放入化学发光检测仪中检测。

【要点提示】

1. 含有荧光素酶的细胞必须裂解后再加入试剂。

2. 反应产生的荧光可稳定发光 1 min，加入底物后应尽快测定。

【思考题】

1. 荧光素酶与 GUS 各应用于哪些方面？有何异同？

2. 你还知道哪些报告基因体系？

第二部分

综合性实验

实验 24　反转录 PCR

【实验目的】

掌握由 RNA 反转录扩增 cDNA 的方法和原理。

【实验原理】

RT－PCR 的模板可以为总 RNA 或 poly(A)$^+$ mRNA。两步法 RT－PCR 的第一步是反转录酶催化使 RNA 反转录为 cDNA 第一链，使用 oligo(dT)或随机引物先与 mRNA 杂交，然后由反转录酶催化合成互补的 cDNA 第一链。第二步以 cDNA 第一链为模板进行 PCR 扩增。

本实验方案采用宝生物工程(大连)有限公司生产的 TaKaRa RNA PCR Kit Ver.3.0 试剂盒。该试剂盒使用 AMV(avian myeloblastosis virus)来源的反转录酶将 RNA 合成 cDNA，然后在同一反应管中使用 Hot Start Ex *Taq* 酶进行 PCR。

【实验器材与试剂】

1. 器材

PCR 仪、离心机、灭菌的 EP 管、微量移液枪、水平式凝胶电泳槽、稳压稳流电泳仪、紫外透射仪、凝胶成像系统。

2. 试剂盒制品内容(100 次量)

(1) AMV 反转录酶 XL(AMV Reverse Transcriptase XL，5 U/μL)50 μL。

(2) RNA 酶抑制剂(RNase Inhibitor，40 U/μL)25 μL。

(3) 随机引物(Random 9 mers，50 pmol/μL)50 μL。

(4) Oligo dT－接头引物(Oligo dT－Adaptor Primer，2.5 pmol/μL)50 μL。

(5) 无 RNA 酶的水(RNase Free dH_2O)1 mL。

(6) TaKaRa Ex *Taq* HS (5 U/μL)40 μL。

(7) M13 引物 M4(M13 Primer M4，20 pmol/μL)50 μL。

(8) 10×RT 缓冲液(10×RT Buffer)[100 mmol/L Tris－HCl(pH 8.3)，500 mmol/L KCl]1 mL。

(9) 5×PCR 缓冲液(5×PCR Buffer)1 mL。

(10) dNTP 混合物(dNTP Mixture，各 10 mmol/L)150 μL。

(11) $MgCl_2$(25 mmol/L)1 mL。

(12) 阳性对照引物 R1(Control R1 Primer，20 pmol/μL)25 μL。

(13) 阳性对照引物 F1(Control F1 Primer，20 pmol/μL)25 μL。

(14) 阳性对照 RNA(Positive Control RNA，2×10^5 copies/μL)[pSPTet3 质粒的转录 poly(A)$^+$RNA]25 μL。

【实验步骤】

1. 反转录反应

(1) 用 70℃水浴，将总 RNA 变性 5 min，然后迅速将 EP 管转入冰浴，放置 5 min，进行反转录 PCR。

(2) 按表 24－1 配制反转录 PCR 体系。

表 24－1　反转录 PCR 体系

成　分	体　积
10×RT Buffer	1 μL
$MgCl_2$	2 μL
无 RNA 酶的水	3.75 μL
dNTP 混合物	1 μL
RNA 酶抑制剂	0.25 μL
AMV 反转录酶 XL	0.5 μL
随机引物或 Oligo dT－接头引物	0.5 μL
总 RNA(≤500 ng)	1 μL
反转录反应液	10 μL

按以下程序进行反转录 PCR：42～55℃，15～30 min；99℃ 5 min，5℃ 5 min。

2. PCR 扩增

按表 24－2 配制 PCR 反应液。

表 24－2　PCR 体系

成　分	体　积
5×RNA PCR 缓冲液	10 μL
灭菌蒸馏水	28.75 μL
TaKaRa *Taq*	0.25 μL
基因特异上游引物	0.5 μL
基因特异下游引物	0.5 μL
模板(上述反转录产物)	10 μL
PCR 反应液	50 μL

混匀后,按以下条件进行 PCR(表 24-3)。

表 24-3 PCR 循环步骤

程序阶段	程序名称	温 度	时 间	循环数
1	预变性	94℃	120 s	1
2	变 性 退 火 延 伸	94℃ 50～60℃ 72℃	30 s 30 s 30～240 s	30
3	延 伸	72℃	600 s	1
4	保 温	4℃	∞	1

3. PCR 结束后,取反应液 5～10 μL 进行 1% (m/V)的琼脂糖凝胶电泳,检测基因扩增情况。其余 PCR 产物冷冻保存。

【要点提示】

1. 反应系统中各成分的量应尽量准确。

2. 操作过程中应尽量减少污染,以减少非特异性扩增的概率。

【思考题】

1. 第一步反转录酶催化使 RNA 反转录的 cDNA 第一链只包括特异基因的 cDNA 吗?

2. RT-PCR 的原理是什么?

实验 25　谷胱甘肽 S-转移酶融合蛋白质的表达及纯化

【实验目的】

1. 了解外源基因在原核细胞中表达及分析的原理。
2. 掌握谷胱甘肽 S-转移酶融合蛋白质的表达及纯化的操作步骤。

【实验原理】

将目的基因置于生物宿主中并在人工控制条件下大量表达，生产出所需的目的蛋白质是基因工程的一大内容，利用基因工程可大量获得自然界生物体内稀有的或表达量较低的蛋白质，为研究这些蛋白质的结构与功能提供充足的样品，还能使这些蛋白质相对廉价地用于临床诊断、治疗及其他生物学基础研究中。原核生物表达系统因其相关的基本理论和技术方法成熟、操作成本较低而得到广泛的应用。

人类对大肠杆菌经过长期的研究，对其特性和遗传背景已了解得十分清楚，大肠杆菌培养操作简单、生长繁殖快、价格低廉，人们用大肠杆菌作为外源基因的表达工具已有二十多年的经验积累，大肠杆菌表达外源基因产物的水平远高于其他基因表达系统，表达的目的蛋白质量甚至能超过细菌总蛋白质量的 80%。因此大肠杆菌是目前应用最广泛的蛋白质表达系统。设计外源基因在大肠杆菌表达就需要大肠杆菌表达所需要的元件，包括转录起始必需的启动子、翻译起始所必需的核糖体识别序列等；外源基因表达的产物可能会对大肠杆菌有毒害作用，会影响细菌的生存繁殖，所以大多数表达载体都带有诱导性表达所需要的元件，即有操纵子序列以及与之配套的调控基因等；外源基因还应当插入到适合于表达的位置，所以表达载体中要设有适合的多克隆位点；此外还应具备基因克隆筛选的条件，包括在细胞中复制必需的复制起始序列、筛选标志如抗药性基因等。

本实验利用大肠杆菌表达载体 pGEX 和大肠杆菌表达菌株 BL-21，将克隆在 pGEX 载体中的目的基因大量表达。pGEX 载体中含有谷胱甘肽 S-转移酶（*GST*）基因，其后是多克隆位点，将目的基因按照与 *GST* 基因通读的编码框克隆到多克隆位点，蛋白质表达后即形成 GST——目的蛋白质的融合蛋白质（图 25-1），即同一多肽链含有 2 种以上蛋白质。pGEX 载体中还含有 *tac* 启动子，该启动子只有在异丙基硫代-β-D-半乳糖苷（IPTG）的诱导下才表达，因而该系统被称为化学诱导表达系统。提高外源基因表达水平的基本手段之一,就是将宿主菌的生长与外源基因的表达分成两个阶段以减轻宿主菌的负荷。常用的有温度诱导和药物诱导。本实验采用异丙基硫代-β-D-半乳糖苷(IPTG)诱导外源基因表达。不同的表达质粒表达方法并不完全相同,因启动子不同,诱导表达要根据具体情况而定。利用 *GST* 与谷胱甘肽产生特异性的结合反应可对表达的融合蛋白质进行分离、纯化和鉴定等后续操作。

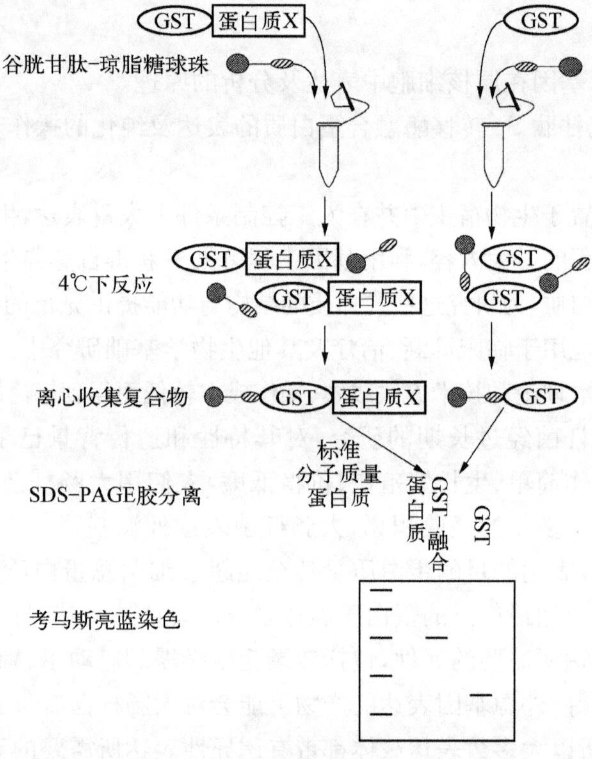

图 25-1 GST-融合蛋白质分离检测示意图

【实验器材、材料与试剂】

1. 器材

试管、培养皿、EP 管、PCR 管、枪头、牙签、恒温摇床、超净工作台、高压灭菌锅、高速台式离心机、微量移液枪、振荡器、PCR 仪。

2. 材料与试剂

(1) 氨苄西林:同实验 1。

(2) 重组子转化的大肠杆菌菌株 BL-21。

(3) LB 培养基:同实验 1。

(4) 1 mol/L IPTG 溶液：称取 IPTG 2.38 g，溶于 10 mL ddH_2O 中，0.22 μm 滤膜过滤除菌，−20℃保存。

(5) 2×SDS-PAGE 凝胶电泳加样缓冲液：含 100 mmol/L Tris-Cl (pH 8.0)、100 mmol/L DTT、4%(*m*/*V*) SDS、0.2%(*m*/*V*)溴酚蓝和 20%甘油。

(6) 考马斯亮蓝染色液：称取考马斯亮蓝 R-250 0.25 g 溶于 100 mL 甲醇，再加入冰醋酸 20 mL、ddH_2O 80 mL，过滤除去未溶解的颗粒。

(7) 脱色液：甲醇:ddH_2O:冰醋酸，三者按 3∶6∶1 的体积比配制。

(8) 大肠杆菌裂解缓冲液：含 50 mmol/L Tris-Cl (pH 8.0)，1 mmol/L EDTA (pH 8.0)，100 mmol/L NaCl，50 mmol/L 苯甲基磺酰氟(PMSF)。

(9) 10 mg/mL 溶菌酶。

(10) 脱氧胆酸。

(11) 1 mg/mL DNase Ⅰ。

(12) PBS 缓冲液：称取 NaCl 18 g，KCl 0.2 g 和 Na_2HPO_4 1.44 g，溶解于 800 mL 蒸馏水中。用 HCl 调节 pH 至 7.4，定容到 1 L。

【实验步骤】

1. 外源基因在表达载体中的克隆

(1) 用适当的限制性核酸内切酶消化载体 DNA(图 25-2)和目的基因。

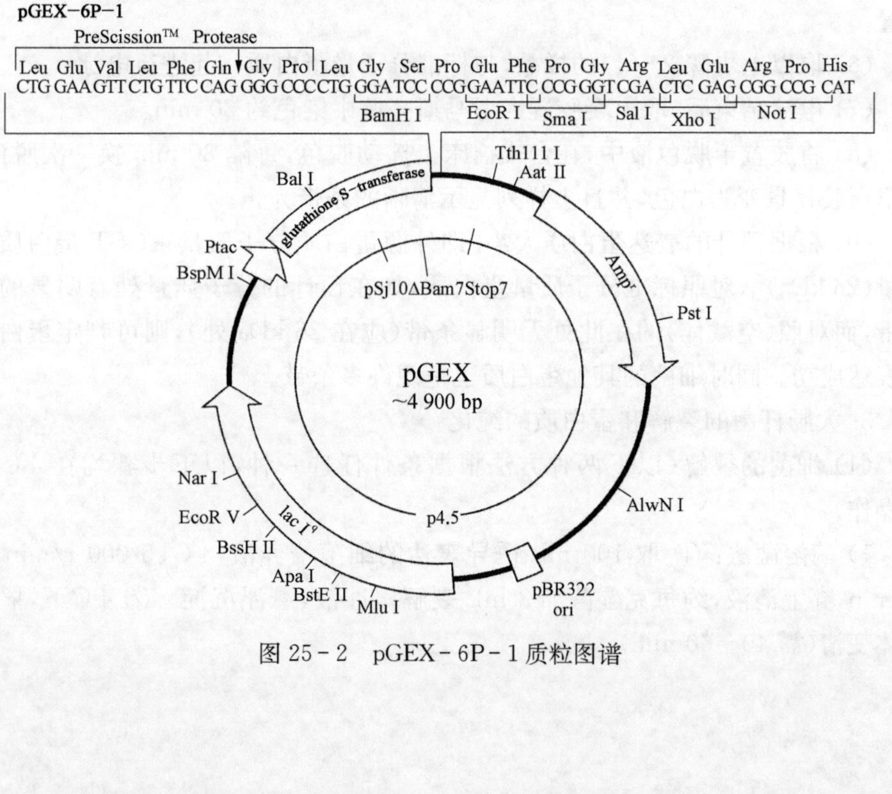

图 25-2 pGEX-6P-1 质粒图谱

(2) 按连接步骤连接目的基因和载体,并转化到 BL-21 的大肠杆菌表达菌株中。

(3) 筛选出含重组子的转化菌落,提取质粒,进行酶切鉴定,确认质粒构建无误后进行下一步操作。

2. 外源基因的诱导表达

(1) 将步骤 1 筛选出的阳性重组子(转化到大肠杆菌表达菌株 BL-21 中)及空载体(原质粒),各挑选一个单克隆菌落,接入 5 mL 含氨苄西林的液体 LB 培养基中,在 37℃下,振荡(200 r/min)培养约 16 h。

(2) 将上述步骤培养的菌液按 1∶100 的比例接入 100 mL LB 液体培养基中,置 37℃摇床中继续培养约 3 h,培养约 2 h 后每间隔 15～20 min 在可见光分光光度计上、600 nm 波长下测菌液的浓度,直到培养的菌液浓度达到 $A_{600}=0.5\sim0.7$。

(3) 取出培养瓶,按 1∶1 000 的比例加入 IPTG(终浓度 1 mmol/L),置 37℃摇床中继续培养 3～5 h,直到菌液浓度达到 $A_{600}=1.3\sim1.4$ 为止。

[以下(4)～(9)步骤可省略。]

(4) 取上述培养液 1 mL,以 1 000 *g* 离心 1 min,弃上清液,沉淀加 30～50 μL 聚丙烯酰胺凝胶电泳加样缓冲液,煮沸 5 min。

(5) 按照实验 27 所示方法配制变性聚丙烯酰胺凝胶,并设置蛋白质电泳装置。

(6) 取以上步骤 2-(4)的样品,与标准分子量蛋白质一起进行电泳。

(7) 电泳结束后,取出凝胶置入考马斯亮蓝中染色约 30 min。

(8) 将胶置于脱色液中,在台式摇床上摇动脱色,每隔 30 min 换一次脱色液,直至凝胶背景变为白色,并且上样列显示清晰的条带为止。

(9) 根据预计的表达蛋白质大小[即外源蛋白质分子质量+GST 蛋白质分子质量(26 kDa)],对照标准分子质量蛋白质,如在预计的分子质量处有明显的蛋白质带,而对照(空载体)的在此处无明显条带(应在 26 kDa 处),则可判定蛋白质诱导表达成功。同时细菌的其他蛋白质也呈现许多条带。

3. 大肠杆菌的裂解和蛋白质的纯化

(1) 细菌的裂解(以下两种方法根据条件任选一种,以下步骤均在 4℃下进行操作)

1) 酶溶菌法: ① 取 100 mL 诱导表达的细菌培养液,4℃、5 000 r/min 离心 15 min,弃上清液,约每克湿菌加 3 mL 裂解缓冲液,悬浮沉淀。② 4℃下,摇菌至液体变清(需 40～60 min)。

2）超声破碎法：① 收集诱导表达的工程菌，4℃、5 000 r/min 离心 15 min，弃上清液，约每克湿菌加 3 mL 的 PBS 缓冲液。② 按超声处理仪厂家提供的功能参数进行破菌。

（2）以 10 000 *g* 的相对离心力离心 15 min，分别收集上清液和沉淀。

（3）上清液中加入 2 mL 50%谷胱甘肽树脂（gluthione sepharose beads），4℃下置摇床上混合约 2 h。

（4）以 1 000 *g* 的相对离心力，离心 1 min（此时融合蛋白质结合在谷胱甘肽树脂上），用 500 μL 的 PBS 缓冲液洗 3 次。离心后去上清液。

（5）保留树脂的管中加 30～50 μL 的聚丙烯酰胺凝胶电泳上样缓冲液，煮沸 5 min。

（6）按照步骤 2 中（6）～（9）的条件进行 SDS－PAGE，并进行表达蛋白质的分析。此时应在预计的蛋白质条带处有一条带，而细菌的其他蛋白质带则不会出现。

【要点提示】

1. 步骤 2－（2）中培养的菌浓度在加入 IPTG 之前的 A_{600} 值不宜超过 1，加入 IPTG 后的诱导表达时间不宜过长。

2. 有些外源蛋白质经诱导表达后易形成包涵体，即不溶性的蛋白质聚合物。如出现这种结果，应在加入 IPTG 后，在 18～20℃、以 200 r/min 的转速振荡培养约 18 h。再进行蛋白质的分离和纯化。

3. 破菌后的操作应在 4℃下进行，以免蛋白质的降解。

【思考题】

1. 什么是化学诱导表达系统？本实验为什么选用化学诱导方法表达蛋白质？

2. 如何判断目标蛋白被诱导表达成功？

3. 利用 GST 分离和纯化表达蛋白质的原理是什么？

实验 26　(His)6 标记蛋白质的原核表达和纯化

【实验目的】

1. 了解外源基因在原核细胞中表达及分析的原理。

2. 掌握(His)6 标记蛋白质的表达及纯化的操作步骤。

【实验原理】

本实验利用大肠杆菌表达载体 pET 和大肠杆菌表达菌株 BL－21，将克隆在 pET 载体中的目的基因大量表达。pET 载体中在多克隆位点后含有 6 个组氨酸的多肽(称为组氨酸标签，His tag)，将目的基因按照与组氨酸通读的编码框克隆到多克隆位点(见图 26－1 的质粒图谱)，蛋白质表达后即形成目的蛋白质加 6 个

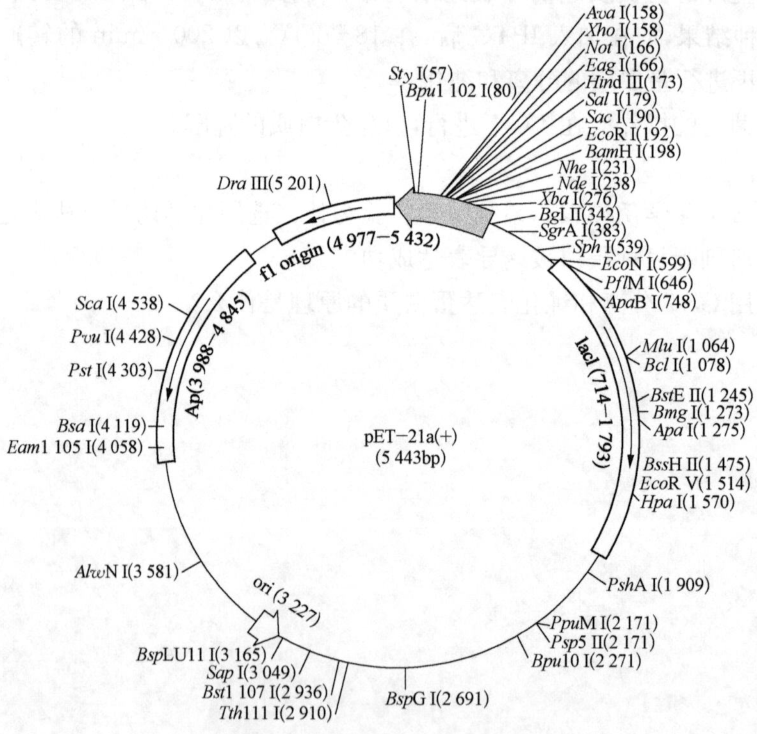

图 26－1　pET－21a 质粒图谱

连续组氨酸的融合蛋白质。pET 载体中还含有 *lac* 启动子，该启动子只有在异丙基硫代-β-D-半乳糖苷(IPTG)的诱导下才表达，因而该系统被称为化学诱导表达系统。提高外源基因表达水平的基本手段之一，就是将宿主菌的生长与外源基因的表达分成两个阶段，以减轻宿主菌的负荷。常用的有温度诱导和药物诱导。本实验采用异丙基硫代-β-D-半乳糖苷(IPTG)诱导外源基因表达。不同的表达质粒表达方法并不完全相同，因启动子不同，诱导表达要根据具体情况而定。利用 His tag 与金属镍形成螯合物而产生特异性的结合反应可对表达的融合蛋白质进行分离、纯化和鉴定等后续操作。

【实验器材、材料与试剂】

同实验 25。

【实验步骤】

1. 外源基因在表达载体中的克隆

(1) 用适当的限制性内切核酸酶消化载体 DNA(图 26-1)和目的基因。

(2) 按连接步骤连接目的基因和载体，并转化到 BL-21 的大肠杆菌表达菌株中。

(3) 筛选出含重组子的转化菌落，提取质粒 DNA 作限制性核酸内切酶图谱，DNA 序列测定，确定无误后进行下一步。

2. 外源基因的诱导表达

(1) 将步骤 1 筛选出的阳性重组子(转化到大肠杆菌表达菌株 BL-21 中)及空载体(原质粒)，各挑选一个单克隆菌落，接入 5 mL 含氨苄西林的液体 LB 培养基中，在 37℃下，200 r/min 振荡培养约 16 h。

(2) 将上述步骤培养的菌液按 1∶100 的比例接入 100 mL 与步骤 2-(1)中相同的 LB 培养液中，置 37℃摇床中继续培养约 3 h，其间至培养约 2 h 后每间隔 15～20 min 在可见光分光光度计上、600 nm 波长下测菌液的浓度，直到培养的菌液浓度达到 $A_{600}=0.5\sim0.7$。

(3) 取出培养瓶，按 1∶1 000 的比例加入 IPTG(终浓度 1 mmol/L)，置 37℃摇床中继续培养 3～5 h，直到菌液浓度达到 $A_{600}=1.3\sim1.4$ 为止。

(4) 取上述培养液 1 mL，以 1 000 *g* 离心 1 min，弃上清液，沉淀加30～50 μL 聚丙烯酰胺凝胶电泳上样缓冲液，煮沸 5 min。

(5) 按照实验 27 所示方法配制变性聚丙烯酰胺凝胶，并设置蛋白质电泳装置。

(6) 以上步骤 2-(4)的样品与标准分子质量蛋白质一起进行电泳。

(7) 电泳结束后，取出凝胶置入考马斯亮蓝中染色约 30 min。

(8) 将胶置于脱色液中，在台式摇床上摇动脱色，每隔 30 min 换一次脱色液，直至凝胶背景变为白色，并且上样列显示清晰的条带为止。

(9) 根据预计的表达蛋白质大小[即外源蛋白质分子质量+空载体蛋白质分子质量(4 kDa)]，对照标准分子质量蛋白质，如在预计的分子量处有明显的蛋白质带，而对照(空载体)的在此处无明显条带(应在 4 kDa 处)，则可判定蛋白质诱导表达成功。同时细菌的其他蛋白质也呈现许多条带。

3. 大肠杆菌的裂解和蛋白质的纯化

(1) 细菌的裂解(以下两种方法根据条件任选一种)

1) 酶融菌法：① 4℃、5 000 r/min 离心 15 min，收集诱导表达的细菌培养液(100 mL)。弃上清液，约每克湿菌加 3 mL 裂解缓冲液，悬浮沉淀。

② 4℃下，置摇床上摇动直至菌悬液明显变清(需 40～60 min)。

2) 超声破碎法：① 收集诱导表达的工程菌，4℃、5 000 r/min 离心 15 min；弃上清液，约每克湿菌加 3 mL 的 PBS 缓冲液。

② 按超声处理仪厂家提供的功能参数进行破菌。

(2) 以 10 000 *g* 离心 15 min，分别收集上清液和沉淀。

(3) 上清液中加入 2 mL 50%镍金属固化树脂，4℃下置摇床上混合约 2 h。

(4) 以 1 000 *g* 离心 1 min(此时融合蛋白质结合在谷胱甘肽树脂珠上)，用 500 μL 的 PBS 缓冲液洗 3 次，离心后弃上清液。

(5) 保留树脂珠的管中加 30～50 μL 的聚丙烯酰胺凝胶电泳上样缓冲液，煮沸 5 min。

(6) 按照步骤 2 中(6)～(9)的条件进行 SDS-PAGE，并进行表达蛋白质的分析。此时应在预计的蛋白质条带处有一条带，而细菌的其他蛋白质带则不会出现。

【要点提示】

1. 步骤 2-(2)中培养的菌浓度在加入 IPTG 之前的 A_{600} 值不宜超过 1，加入 IPTG 后的诱导表达时间不宜过长。

2. 有些外源蛋白质经诱导表达后易形成包涵体，即不溶性的蛋白质聚合物。如出现这种结果，应在加入 IPTG 后，在 18～20℃、在 200 r/min 的转速下振荡培养约 18 h，再进行蛋白质的分离和纯化。

3. 破菌后的操作应在 4℃下进行，以免蛋白质的降解。

【思考题】

1. 什么是化学诱导表达系统？本实验为什么选用化学诱导方法表达蛋白质？

2. 如何判断目标蛋白被诱导表达成功？

3. 利用 His tag 分离和纯化表达蛋白质的原理是什么？

实验 27　蛋白质印迹分析

【实验目的】

1. 理解蛋白质印迹(Western blotting)的基本原理。

2. 掌握蛋白质印迹的技术及基本操作。

【实验原理】

蛋白质印迹是根据抗原抗体的特异性结合，专一性地检测复杂样品中某种蛋白质的方法，由于蛋白质印迹具有聚丙烯酰胺凝胶电泳(SDS-PAGE)的高分辨力和固相免疫测定的高特异性和敏感性，现已成为蛋白质分析的一种常规技术。蛋白质印迹(图 27-1)首先采用 SDS-PAGE 分离蛋白质。SDS-PAGE 样品缓冲液中的强阴离子去污剂 SDS 和还原剂(如β-巯基乙醇)使蛋白质发生变性，蛋白质与 SDS 结合，表面带有等密度的负电荷，在 SDS-PAGE 过程中，变性蛋白质在聚丙烯酰胺凝胶中的迁移速率取决于蛋白质的分子质量，因此分子质量不同的蛋白质在凝胶中相互分离。电泳结束后，利用电转移槽的平面电场，将聚丙烯酰胺凝胶中的蛋白质从凝胶中平面转移到印迹膜上(常用的印迹膜为硝酸纤维素薄膜，简称 NC 膜)，蛋白质以非共价键形式吸附固着在印迹膜上。最后对印迹膜进行免疫检测，其过程是先将一抗(针对蛋白质抗原的抗体，简称一抗)特异地结合到待检测抗原蛋白质上，再用酶标二抗(以第一抗体为抗原产生的抗体，再交联上特定的酶，简称酶标二抗)特异性地结合到一抗上，最后加入标记酶的反应底物，即可在印迹膜固着抗原的部位显现出颜色(酶反应产物为有色不溶性物质)，借此检测出抗原蛋白(图 27-1)。另外，为了防止抗体结合到印迹膜上未吸附蛋白的区域，在一抗与膜结合之前，常用非特异性、无反应活性的蛋白质大分子封闭阻断印迹膜上的非特异性结合位点，避免检测时出现高背景颜色。蛋白质印迹结果可以同时揭示被检蛋白质的分子质量和免疫反应两个属性，因此其结果的可靠性较高。

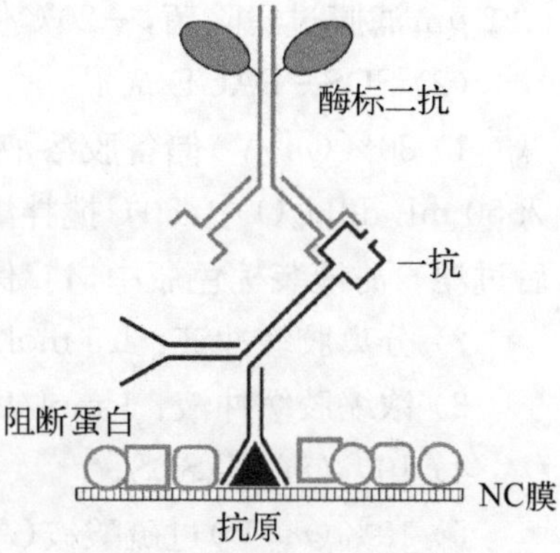

图 27-1　蛋白质印迹中的免疫反应原理图

【实验器材与试剂】

1. 器材

垂直平板电泳槽和电泳装置、电泳仪、封口机、磁力搅拌器、水平摇床、电转移装置、微量加样器、格尺、剪刀、小镊子、培养皿(直径 12～16 cm)、NC 膜或 PVDF 膜、滤纸、玻璃棒、杂交袋、小烧杯、乳胶手套。

2. 试剂

(1) 样品制备试剂

1) LB 培养基：同实验 1。

2) 100 mmol/L IPTG：称取 IPTG 0.238 g，溶于 10 mL ddH_2O 中，0.22 μm 滤膜过滤除菌，−20℃保存。

(2) SDS - PAGE 试剂

1) 30%(*m*/*V*)储备胶溶液：取丙烯酰胺 29.0 g，亚甲基双丙烯酰胺 1.0 g，加入 50 mL ddH_2O 中，50℃搅拌溶解，ddH_2O 定容至 100 mL(如溶解不完全可定容后过滤)，滤液装棕色瓶中，4℃保存。

2) 分离胶缓冲液：1.5 mol/L Tris - Cl(pH 8.8)

3) 浓缩胶缓冲液：1 mol/L Tris - Cl(pH 6.8)

4) 10%(*m*/*V*)SDS。

5) 10%(*m*/*V*)过硫酸铵(AP)溶液(现配现用)。

6) *N*,*N*,*N*′,*N*′-四甲基乙二胺(TEMED)。

7) 电泳缓冲液：含 25 mmol/L Tris、192 mmol/L 甘氨酸和 0.1% SDS，pH 8.3。

8) 2×SDS 电泳样品缓冲液：将 1 mol/L Tris - Cl (pH 6.8)1.0 mL，β-巯基乙醇 1.0 mL，10%(*m*/*V*)SDS 4 mL，甘油 2.0 mL，溴酚蓝 0.002 g，ddH_2O 2 mL 混合而成。

9) 考马斯亮蓝染色液：称取考马斯亮蓝 R - 250 0.25 g，溶于 100 mL 甲醇，再加入冰醋酸 20 mL、ddH_2O 80 mL，过滤除去未溶解的颗粒。

10) 脱色液：甲醇∶H_2O∶冰醋酸，三者按 3∶6∶1 的体积比配制。

(3) 转移缓冲液：含 48 mmol/L Tris、39 mmol/L 甘氨酸、0.037% SDS 和 20%甲醇，配好后放 4℃冷却备用。

(4) 免疫印迹分析试剂

1) Tris 缓冲液(TBS)：含 10 mmol/L Tris 和 150 mmol/L NaCl，pH 7.4。

2) 漂洗液(TBST)：在配好的 TBS 中加入 0.1%(*V*/*V*)的 Tween - 20。

3) 封闭液：用 TBST 配制成 5%(*m*/*V*)脱脂奶粉。

4）抗体：第一抗体和辣根过氧化物酶标记的种属特异性二抗。

5）1%（*m*/*V*）BSA：用 TBST 配制。

6）显色液（新鲜配制）：称取二氨基联苯胺（DAB）60 mg，溶于 90 mL 0.01 mmol/L Tris－Cl（pH 7.6）缓冲液中，加入 0.3%（*m*/*V*）$CoCl_2$ 10 mL，过滤除去沉淀，临用前加 30% H_2O_2 100 μL。

【实验步骤】

1. 样品制备

本实验待测蛋白质为大肠杆菌中表达的带组氨酸（His）标签的可溶性融合蛋白质。

（1）挑单菌落至 30 mL LB 培养液中，37℃振荡培养过夜。

（2）取 500 μL 过夜菌加入 49.5 mL 新鲜 LB，继续摇菌 2.5 h。

（3）取出 2 mL 菌液作为未诱导的阴性对照，然后在剩余菌液中加入 IPTG 诱导蛋白质表达，使 IPTG 终浓度达到 1 mmol/L。

（4）诱导 3 h 后开始取样，每隔 1 h 取一次，每次 1 mL，取 4 次，取出的菌液保存于 4℃。

（5）菌液离心，5 000 r/min 离心 10 min，弃上清液。

（6）在沉淀中加入 50 μL 2×SDS 电泳样品缓冲液和同体积的 LB。重新悬起后，于 100℃沸水浴中加热 10 min，取出后立即放冰上冷却。

（7）样品离心，10 000 r/min 离心 1 min，取上清液作 SDS－PAGE 分析，同时将标准分子质量蛋白质作平行处理。

2. SDS－PAGE

（1）聚丙烯酰胺凝胶的配制

1）配制分离胶[10%（*m*/*V*）]：按照表 27－1 配制 10 mL 分离胶。

表 27－1　SDS－PAGE 凝胶的配制

试　剂	电 泳 凝 胶	
	V（10%分离胶）/mL	*V*（5%浓缩胶）/mL
ddH_2O	4.1	2.85
30%储备胶溶液	3.3	0.85
分离胶缓冲液	2.5	—
浓缩胶缓冲液	—	1.25
10% SDS	0.1	0.05
真空抽气 15 min		
10% AP	0.1	0.05
TEMED	0.005	0.01

将配制好的分离胶溶液轻轻混匀后,用移液枪迅速加入玻璃板间,胶上缘到达距短玻璃顶端约 2 cm 处即停止,然后迅速从一侧灌入 300 μL ddH_2O 封顶。待凝胶完全聚合后,小心地将分离胶上面的水倒去或用滤纸吸出。

2) 配制 5%(*m* /*V*)浓缩胶:按照凝胶配制表配制 5 mL 浓缩胶。将配制好的浓缩胶轻轻混匀后,迅速加在分离胶上面,直至短玻璃顶端。然后立即将梳子插入玻璃板间,形成样品孔。

(2) 加样:浓缩胶完全聚合后,将凝胶装置安装好放入电泳槽中,倒入电泳缓冲液。上样前将梳子轻轻拔出,并用电泳缓冲液冲洗样品孔。用微量加样器分别吸取未诱导的和诱导不同时间段的样品 15 μL 缓慢加入样品孔中,同样将 15 μL 分子质量蛋白质标准品加入相邻的样品孔作对照。未加入蛋白质样品的样品孔加入同体积的 1×样品缓冲液。

(3) 电泳:电泳时,浓缩胶电压 70 V,20～30 min,分离胶电压 120 V,电泳至溴酚蓝指示剂迁移至电泳槽下端停止。

3. 电转移(湿式转移)

(1) 电泳结束后将大小两块玻璃轻轻撬开,将凝胶放入盛有适量转移缓冲液的培养皿中平衡。

(2) 裁好与胶同样大小的 NC 膜和 6 张滤纸,将 NC 膜和滤纸在转移缓冲液中浸泡 10 min,海绵垫也放入适量转移缓冲液中充分浸湿。

(3) 按照滤纸(3 张)、凝胶、NC 膜、滤纸(3 张)的顺序精确对齐做成"三明治",并用玻璃棒从上方滚压至下方,以去除滤纸、凝胶和 NC 膜之间的气泡。

(4) 将"三明治"放入转印夹中两块海绵垫之间,NC 膜一侧的滤纸朝向正极,凝胶一侧朝向负极。将扣好的转印夹按正确的电极方向插入转印槽中,倒入转膜缓冲液。

(5) 电转移条件:4℃,恒流 200 mA, 2.5 h。

4. 免疫印迹分析

(1) 取膜:转移结束后,小心将 NC 膜取出。剪取有待测蛋白质样品的膜条做免疫印迹,将有蛋白质标准的膜条用考马斯亮蓝染色液染色 30 min,在脱色液中脱色至背景清晰,留与显色结果作对比。

(2) 洗膜:NC 膜放入培养皿中,置摇床上用 TBS 洗膜 3 次,每次 5 min。

(3) 封闭:将 NC 膜放入装有封闭液的杂交袋或大小合适的培养皿中,密封好,室温封闭 2 h。

(4) 一抗结合:弃封闭液,将 NC 膜转移至按一定比例稀释的一抗中[用含有 5%(*m* /*V*)脱脂奶粉的 TBST 稀释],4℃过夜,或室温放置 2 h。

(5) 洗膜：弃一抗，用 TBST 洗膜 3 次，每次 10 min。

(6) 二抗结合：取出 NC 膜，放入按一定比例稀释的辣根过氧化物酶标记的二抗中[用含 0.5%(m/V)的脱脂奶粉的 TBST 稀释]，室温放置 1 h。

(7) 洗膜：弃去二抗，用 TBST 洗膜 3 次，每次 10 min。

(8) 将 NC 膜放入盛有显色液的培养皿中，到显色清晰时，用蒸馏水终止反应。

(9) 用吸水纸吸干 NC 膜上水分，避光干燥保存。

【要点提示】

1. SDS-PAGE 要点

(1) 为达到较好的凝胶聚合效果，缓冲液的 pH 要准确；10%(m/V)AP 在一周内使用；室温较低时，TEMED 的量可加倍。

(2) 未聚合的丙烯酰胺和亚甲双丙烯酰胺具有神经毒性，可通过皮肤和呼吸道吸收，应戴手套操作，穿好实验服，注意防护。

2. 电转移要点

(1) 为避免手上的油脂污染凝胶和 NC 膜，整个实验要戴乳胶手套操作。

(2) 转膜时缓冲液温度升高会导致转膜效率降低，可将整个装置放入冰箱或包埋到碎冰中。

3. 免疫印迹分析实验要点

(1) 一抗、二抗的稀释度、作用时间和温度对不同的蛋白质要经过预实验确定最佳条件。

(2) 如果脱脂奶粉中含有影响抗体与抗原结合的成分，可考虑使用 BSA 作封闭剂。

【思考题】

1. 蛋白质印迹分析过程中有几次抗原抗体结合反应？

2. 蛋白质印迹结果不理想的原因都有哪些？如何避免？

实验 28 化学发光蛋白质印迹分析

【实验目的】

1. 理解化学发光法的基本原理。

2. 掌握化学发光法的基本操作。

【实验原理】

化学发光也称为增强化学发光(enhanced chemiluminescence, ECL),它是近年来兴起的一种灵敏的检测技术,广泛用于核酸和蛋白质分析等方面。化学发光是指化学反应中化学物质由激发态回到基态时释放光能的过程。化学发光蛋白质印迹常使用的二抗为辣根过氧化物酶(HRP)标记二抗,与普通蛋白质印迹方法不同,HRP 底物为化学发光剂鲁米诺(luminol),HRP 可催化 H_2O_2 氧化鲁米诺并释放出光子,此外,鲁米诺发光系统中还含有发光增强剂(如对-香豆酸),其作用是加速酶催化反应,增强发光亮度,提高信噪比。HRP 酶反应产生的光可使 X 射线胶片曝光,X 射线胶片经显影后即可检测出目的蛋白质(图 28-1),此外目前许多实验室使用冷 CCD 数码相机来检测微弱的化学发光信号。

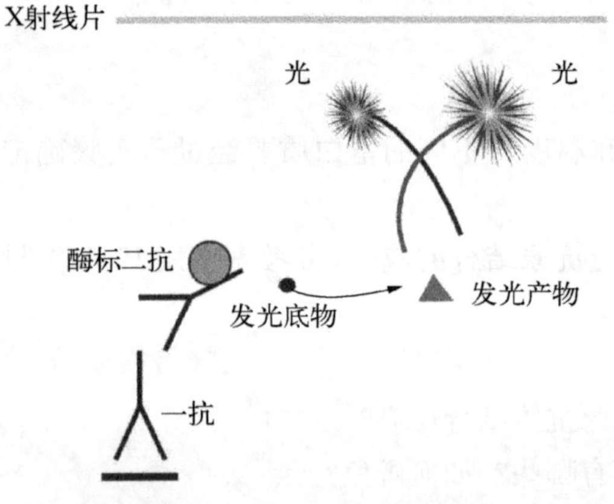

图 28-1 Western blotting 化学发光法反应原理

【实验器材与试剂】

1. 器材

黑塑料盒、显影夹、解剖盘、X 射线胶片,其他器材同上一实验。

2. 试剂

(1) 缓冲液:0.1 mol/L Tris-Cl(pH 8.5)。

(2) 250 mmol/L 鲁米诺溶液:称取鲁米诺 0.222 g,溶于 5 mL DMSO。

(3) 增强剂[90 mmol/L 对香豆酸(p-coumaric acid, PCA)]:称取 PCA 0.074 g,溶于 5 mL DMSO。

(4) ECD 反应液

A 液：ddH_2O 3.0 mL，H_2O_2 2.0 μL。

B 液：ECL 反应缓冲液 3.0 mL，90 mmol/L PCA 13.5 μL，250 mmol/L 鲁米诺溶液 30 μL。

使用前 A 液、B 液混匀。

(5) 显影液(D76R)：对甲氨基酚硫酸盐 3 g，无水亚硫酸钠 100 g，对苯二酚 7.5 g，四硼酸钠 20 g 依次溶解于 750 mL 热水(50℃)中，加 H_2O 至 1 000 mL。棕色瓶中避光保存。

(6) 定影液(F－5 式)：硫代硫酸钠 240 g，无水亚硫酸钠 15 g，冰醋酸 13.44 mL，硼酸 7.5 g 依次溶解于 600 mL 热水(60～70℃)中，溶解完全后溶液冷却至室温时加入硫酸铝钾 15 g，加 H_2O 至 1 000 mL。棕色瓶中避光保存。

(7) 抗体洗脱缓冲液：0.5 mol/LTris，pH 6.7。

(8) 抗体洗脱液：抗体洗脱缓冲液 1.25 mL，SDS 0.2 g，β－巯基乙醇 70 μL，ddH_2O 6.68 mL。

(9) 其他试剂参见实验 27。

【实验步骤】

1. 参照实验 27，完成 SDS－PAGE、电转移和一抗和二抗孵育。

2. NC 膜用 TBST 清洗 3 次，每次 10 min。然后用滤纸吸去膜表面液体，放入黑塑料盒中，加入 ECL 反应液，避光反应 1 min。

3. 将 NC 膜取出，吸干表面液体，夹在两层塑料薄膜之间或杂交袋中与 X 射线感光胶片一起放入显影夹中使胶片曝光，5 min 后取出或利用冷 CCD 数码相机，检测微弱的化学发光信号。

4. 在黑暗中将胶片立即放入显影液中显影 5～10 min，最后将胶片放入定影液中暗处定影 30 min，取出胶片用清水冲洗，晾干，观察结果。

【要点提示】

1. 增强化学发光法使用的增强剂有多种，如对香豆酸(*p*-coumaric acid，PCA)、4－碘苯酚、4－羟基肉桂酸等。目前，基于 HRP 的化学发光系统都有市售的试剂盒；另外，显影液、定影液均可从市场购买粉剂，按说明书配制。

2. 增强化学发光法可用于检测表达量较少的蛋白质，如果目的条带未出现或很淡，可使用以下方法增强发光强度：① 用清水漂洗膜数分钟，重新加入 ECL 反应液进行曝光，并适当延长曝光时间(10～30 min)；② 减少封闭的时间，增加二抗反应时间；③ 延长膜在 TBST 中清洗的时间，多次更换清洗液；④ 极微弱的条带可能在 HRP 催化发光反应后一段时间内才出现，可将发光反应后的膜夹在塑料薄膜中于暗处放置 5～30 min 再与底片曝光。

3. 如果曝光底片的背景过高，可通过降低一抗和二抗的浓度降低背景，另外也可以适当减少曝光时间。

4. 化学发光后的 NC 膜用抗体洗脱液洗涤(50℃，30 min)后可以重复利用，用 TBST 洗涤 3 次，每次 10 min，再从封闭开始，用不同的一抗进行杂交，检测其他蛋白质的表达情况。一张膜可以重复使用 3～4 次。

【思考题】

1. 化学发光法的原理是什么？

2. 怎样解决检出条带和背景高的矛盾？

实验29 农杆菌介导的烟草叶片瞬时转化

【实验目的】

1. 了解农杆菌介导的烟草叶片瞬时转化的原理。

2. 掌握农杆菌介导的烟草叶片瞬时转化的技术。

【实验原理】

根癌农杆菌(*Agrobacterium tumefaciens*)是一种革兰氏阴性土壤杆菌,当植物受到损伤,伤口区域会分泌酚类物质(如乙酰丁香酮、羟基乙酰丁香酮等),激活其 *Vir* 相关基因,并促进根癌农杆菌附着到植物伤口,将根癌农杆菌细胞内 Ti 质粒上的 T-DNA 转移到植物细胞内。T-DNA 序列转移到植物细胞内以两种方式表达,一是随机整合到植物基因组上伴随着细胞分裂稳定遗传表达,称为稳定转化;二是未整合到染色体上的游离 T-DNA 可直接转录翻译表达相关蛋白,游离 T-DNA 不能随着细胞分裂而稳定遗传,因此也被称作瞬时转化。

【实验器材、材料与试剂】

1. 器材

恒温摇床、超净工作台、高压灭菌锅、高速离心机、微量移液器、离心管、试管、三角烧瓶和注射器、光照培养箱、紫外分光光度计、荧光显微镜或激光共聚焦显微镜,手持式荧光蛋白观察灯。

2. 材料

根癌农杆菌 *EHA105*(含有 *pFGC-GFP* 质粒,包含 35*S::GFP* 表达模块),本生烟(*Nicotiana benthamiana*)。

3. 试剂

(1) 烟草瞬时转化缓冲液:转化液(包含 10 mmol/L 的吗啉乙磺酸、10 mmol/L 氯化镁及 100 μmol/L 乙酰丁香酮)。

(2) LB 固体、液体培养基:同实验 1。

(3) 25 mg/ mL 利福平:同实验 33。

(4) 50 mg/ mL 卡那霉素:同实验 33。

【实验步骤】

1. 从固体LB培养基(含有50 mg/L卡那霉素和25 mg/L利福平抗生素)上挑选根癌农杆菌*EHA105*的单菌落,接种于5 mL含有抗生素(50 mg/L卡那霉素和25 mg/L利福平)的LB液体培养基的试管中,28℃、200 r/min振荡过夜培养。

2. 吸取1 mL上述菌液转移到新的试管中,然后加入5 mL LB液体培养基(含50 mg/L卡那霉素、25 mg/ mL利福平和20 μmol/L的乙酰丁香酮),28℃、200 r/min振荡培养3~4 h。

3. 取2~4 mL的根癌农杆菌培养液,室温,12 000 r/min离心1~2 min,弃上清。

4. 加入1 mL灭菌水重悬根癌农杆菌细胞,12 000 r/min离心1~2 min,弃上清。

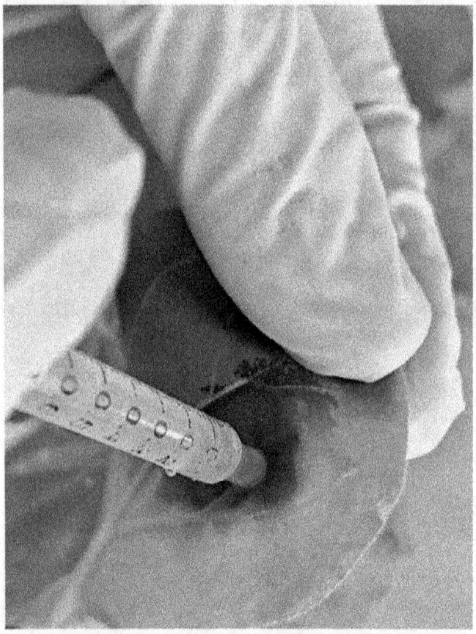

图29-1 烟草注射操作示意图

5. 加入1 mL烟草转化液重悬细胞,然后取20 μL重悬菌液稀释10倍,测定OD_{600}值,计算原始菌液的浓度。

6. 加入适量的烟草转化液将根癌农杆菌菌液浓度调整为$OD_{600}=0.4$,备用。

7. 健康生长3~4周的本生烟,选择生长良好的叶片,如图29-1所示,使用1 mL注射器(去除金属针头)吸取适量菌液缓缓注入叶片背面,做好标记。

8. 根癌农杆菌侵染后的植物放置于光照培养箱中,正常生长2~3天。

9. 使用手持式荧光蛋白观察灯在黑暗下观察烟草注射区域的GFP荧光,或利用荧光显微镜或激光共聚焦显微镜进行观察。

【要点提示】

1. 注射过程要始终戴着口罩、手套、眼镜等,防止由于压力过大而使菌液喷溅出;使用不同农杆菌侵染烟草叶片时,为了避免交叉污染,手套表面需要用70%的乙醇消毒后再使用另一农杆菌。

2. 选择合适的烟草叶片注射根癌农杆菌。叶片太老不适合目的基因表达,叶片太幼嫩则注射根癌农杆菌比较困难。

【思考题】

哪些因素影响根癌农杆菌介导的烟草叶片瞬时转化的效率?

第三部分

研究性实验

实验 30　地高辛标记探针的 DNA 分子杂交

【实验目的】

1. 学习用地高辛标记探针进行 DNA 分子杂交的原理。

2. 掌握用地高辛标记探针进行 DNA 分子杂交的方法及各种试剂的基本作用。

【实验原理】

核酸分子杂交是指非同一分子来源但具有互补序列的两条核酸单链，在一定条件下（适当的温度、pH 和离子强度等）按碱基互补原则退火形成稳定的双链的过程。DNA 分子杂交是检测经限制性内切酶消化后的 DNA 片段中是否存在同源的序列的分子生物学方法，它具有灵敏性高和特异性强的特点。广泛应用于基因组中特定基因的检测和外源基因整合等研究。

地高辛标记探针的 DNA 分子杂交则是指酶切后的 DNA 经琼脂糖凝胶电泳分离，然后利用毛细管虹吸现象将变性 DNA 转移到杂交膜上（如硝酸纤维素膜或尼龙膜），再用地高辛标记的互补 DNA 探针进行杂交，杂交后再用 AP（碱性磷酸酶）标记的抗地高辛单克隆抗体结合地高辛，最后用含底物 BCIP（5 溴- 4 氯- 3 吲哚磷酸）与 NBT（氮蓝四唑）的缓冲液温浴杂交膜，AP 催化底物形成不溶性蓝褐色化合物，根据颜色反应来鉴定目的 DNA 的位置和含量。地高辛标记探针的 DNA 分子杂交也可以使用更灵敏的化学发光试剂检测，AP 催化化学发光底物 CDP - Star 在目标核酸的位置产生不稳定的中间产物并很快分解，并在此过程中发光，发出的光可用 X 射线胶片检测。

【实验器材、材料与试剂】

1. 器材

硝酸纤维素滤膜或尼龙膜、杂交炉、玻璃棒、转移槽、保鲜膜、微量加样器、微量 EP 管、尼龙膜、紫外交联仪、DNA 电泳槽、稳压稳流电泳仪、水浴锅、温度计、移液管、纸巾、玻璃板、离心机、平皿若干、水浴锅、吸水纸、新华 3 号滤纸、水平电泳槽、烤箱、地高辛标记试剂盒、恒温箱、锋利的刀片。

2. 材料

基因组 DNA。

3. 试剂

(1) 限制性核酸内切酶。

(2) 10×上样缓冲液。

(3) 10 mg/mL 溴化乙锭(EB)。

(4) 琼脂糖。

(5) 50 × TAE：同实验 4。

(6) 灭菌的双蒸水。

(7) 0.2 mol/L HCl。

(8) 碱性缓冲液：含 0.4 mol/L NaOH,1 mol/L NaCl。

(9) 变性溶液(应用于中性转移)：含 1.5 mol/L NaCl,0.5 mol/L NaOH。

(10) 中和溶液Ⅰ(应用于不带电荷的尼龙膜的转移)：含 1 mol/L Tris(pH 7.4),1.5 mol/L NaCl。

(11) 中和溶液Ⅱ(应用于尼龙膜的碱性转移)：含 0.5 mol/L Tris(pH 7.2),1 mol/L NaCl。

(12) 中性转移缓冲液(10×SSC)。

(13) 预杂交溶液：含 6×SSC,5×Denhardt,0.5%(*m*/*V*)SDS,100 mg/mL 鲑鱼精 DNA,50%(*V*/*V*)甲酰胺。

(14) 杂交溶液：预杂交溶液中加入变性探针即为杂交溶液。

(15) 50×Denhardt's 溶液：称取 Ficoll400 5 g,PVP 5 g,BSA 5 g,定容至 500 mL。过滤除菌后于－20℃贮存。

(16) 地高辛/生物素杂交检测试剂盒Ⅰ(化学显色法)或地高辛/生物素杂交检测试剂盒Ⅱ(化学发光法)。

(17) 20×SSC：含 3 mol/L NaCl,0.3 mol/L 柠檬酸钠,用 1 mol/L HCl 调节 pH 至 7.0。

(18) 10×SSC、2×SSC、1×SSC：用 20×SSC 稀释。

(19) 0.1%(*m*/*V*)SDS。

(20) 5×缓冲液Ⅰ：0.5 mol/L 马来酸,0.75 mol/L NaCl,用 1 mol/L NaOH 调节 pH 至 7.5,定容,灭菌。

(21) 10×缓冲液Ⅱ：10%脱脂奶粉(用 1×缓冲液Ⅰ溶解)。

(22) 缓冲液Ⅲ(检测缓冲液)：0.1 mol/L Tris,0.1 mol/L NaCl(pH9.5)。

【实验步骤】

1. 基因组 DNA 酶切和电泳

(1) 按照表 30－1 制备酶切反应液。

表 30-1 酶切反应体系

试　剂	加入体积/质量
总 DNA 样品	约 10 μg
限制性内切酶(Takara)	10～50 U
10×酶切缓冲液	50 μL
双蒸水	定容至 50 μL

混匀后,稍微离心,放于 37℃水浴 8～12 h。

(2) 酶切结束后,取 5 μL 酶切 DNA 样品于 0.8%(m/V)的琼脂糖凝胶上检测酶切是否充分。如果酶切充分,制备 0.8%(m/V)的琼脂糖凝胶,在酶切体系中加入 1/10 体积的加样缓冲液,上样后在一较低的电压下(约<1 V/cm)使 DNA 以较慢的速率迁移。

2. 转膜

(1) 电泳结束后,将凝胶转移到一玻璃盘中。用锋利的刀片修去凝胶边缘无用的部分,包括加样孔上方的凝胶。在凝胶的左下角切去一小三角形(加样孔一端为下),以此作为以下操作过程中凝胶方位的标记。

(2) 如果目的条带在 15 kb 以上,将凝胶浸泡于 0.2 mol/L HCl 之中脱嘌呤处理,偶尔轻轻振荡至溴酚蓝完全变成黄色而二甲苯青变成黄色/绿色,需 15～30 min。然后迅速将 0.2 mol/L HCl 倒入废液缸,用去离子水漂洗凝胶 2～3 次,将水倒尽。

如果转移到不带电荷的中性膜上,则将凝胶置于 10 倍凝胶体积的变性溶液中室温下放置 45 min 并且轻轻振荡,用去离子水短暂浸泡凝胶后将凝胶浸于 10 倍凝胶体积的中和溶液Ⅰ中室温下放置 30 min 并轻轻振荡。换一次中和缓冲液继续浸泡凝胶 15 min。

如果转移到带电荷的尼龙膜上,则将凝胶浸于数倍凝胶体积的碱变性液中,轻轻振荡至溴酚蓝完全恢复到原来的蓝色(需要 20～30 min)。

(3) 准备转移用膜,用干净的切纸机或剪刀剪一张每边均比凝胶大1 mm的尼龙膜或硝酸纤维素膜。再切两张与膜同样大小的厚吸水纸。将膜漂浮于盛有去离子水的皿中直到膜从下往上完全浸湿,然后将膜浸入适当的转移缓冲液中至少 5 min。用干净的刀片切下膜的一角,与凝胶切下的一角相一致。

(4) 取一磁盘,放上一洗净的厚玻璃板,在磁盘中倒入适量的中性转移缓冲液,在玻璃板上放两层长滤纸(滤纸比胶稍宽)(注意不要产生气泡)搭成盐桥。将凝胶从步骤 2-(2) 中的溶液中取出并倒转使原来的底面向上,将凝胶放在支持物上并使其位于吸水纸中央，胶周围用 X 射线胶片压条。将处理好的膜正面向下紧贴于胶上使两者的切角相重叠，防止有气泡产生，上面压两张同样大小的用转移缓冲液湿润的滤纸，不可过大，以免短路。将略小于滤纸的一叠吸水纸放在滤纸上，在吸水纸顶端放一块小玻璃板，板上加一大约 1 kg 的重物（图 30 - 1）。中间注意更换吸水纸以免整叠吸水纸都被缓冲液浸湿。

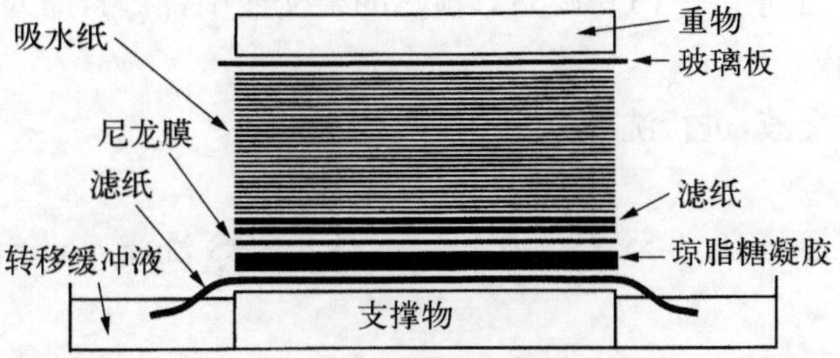

图 30 - 1 毛细管法转膜示意图

（5）转膜 8～24 h 后，将膜取下，将膜用 2×SSC 浸泡 20 min，用滤纸吸干后放在真空烘箱中烘 2 h（80℃）。

3. 探针的制备

操作依照地高辛 DNA 标记试剂盒所提供的方法制备探针标记反应体系（表 30 - 2）。

表 30 - 2 探针标记反应体系

试剂	体积
正向引物（50～100 pmol）	1 μL
反向引物（50～100 pmol）	1 μL
cDNA 模板（10～20 ng/μL）	1 μL
10×PCR 缓冲液	2 μL
$MgCl_2$	2 μL
Dig - dUTP 标记混合物	1 μL
Taq DNA 聚合酶	0.5 μL
ddH_2O	补充至总体积 20 μL

PCR 扩增程序：先 94℃、1 min 预变性，再进行变性 94℃ /30 s，退火（退火温度一般由引物序列决定）1 min，72℃、2 min，30 个循环。PCR 完成后样品于 −20℃ 保存待用。

4. 预杂交和杂交(预杂交或杂交可在杂交盒或杂交炉中进行)

(1) 将 10～15 mL 预杂交液加入装有膜的杂交管或杂交盒中,65℃预杂交 1～2 h,弃去预杂交液。

(2) 将 400 ng 地高辛标记的探针在 95℃变性 5 min,然后快速在冰浴中冷却 5 min。

(3) 将探针加到 10～15 mL 68℃预热的杂交液中,混匀,加入杂交管或杂交盒中,65℃杂交过夜。

(4) 倒去杂交液,进行洗膜。

5. 洗膜

(1) 室温下,30 mL 2 × SSC、0.1%(*m* /*V*) SDS 洗涤 5 min,弃去洗液,重复一次。

(2) 65℃,1× SSC,0.1%(*m* /*V*) SDS 洗涤 15 min,弃去洗液,重复一次。

6. 检测杂交信号

检测过程在室温下进行,并轻微摇动。

(1) 封闭:准备干净容器,用镊子小心地将膜从杂交管(盒)中取出放入容器内,容器内加含有 0.3%吐温 20 的 1×缓冲液Ⅰ,洗膜 5 min。然后将膜转移到不含吐温 20 的 1×缓冲液Ⅰ中洗膜 5 min。后将膜转移到 1×缓冲液Ⅱ,在室温下封闭 30 min。

(2) 10 mL 1×缓冲液Ⅱ和 1.5 μL 抗地高辛- AP 抗体混匀后,和膜一起加入步骤 1 的容器中,室温温育 30 min。

(3) 洗膜:将膜转移到加有 0.3%吐温- 20 的 1×缓冲液Ⅰ中,洗膜 5 min。重复洗 2 次。

(4) 信号检测:加 15 mL 1×检测缓冲液,室温孵育 5 min(确保缓冲液均匀分布在膜上),去掉 1×检测缓冲液。

1) 显色法检测方法

① 在 10 mL 检测缓冲液中加入 200 μL 的 NBT/BCIP ,混匀,将膜置入显色液中,显色过夜,约 16 h。

② 终止显色:用灭菌的双蒸水反复冲洗 3～5 次终止显色。

③ 在成像系统上拍照记录结果。

2) 化学发光法检测方法

① 按比例用 1×检测缓冲液稀释 CDP - Star 化学发光底物,并将底物液均匀加到膜上,室温孵育 5 min。

② 用扁头镊子将滤膜取出,勿使膜干燥。立即将膜包在塑料膜内,去掉多余

的液体和气泡，室温下曝光 X 射线胶片 1～60 min，可采用不同的曝光时间，以求达到最佳效果。

【要点提示】

1. 严禁用手接触膜，以免影响结果。膜要完全浸湿才可使用。

2. 转膜时注意防止短路，滤纸、凝胶、膜之间不要产生气泡。

3. 杂交操作时，小心操作，以避免造成污染。

【思考题】

1. 叙述地高辛标记 DNA 的检测方法。

2. 试述 DNA 分子杂交的应用。

实验 31　菌落原位杂交

【实验目的】

掌握菌落原位杂交的原理及方法。

【实验原理】

采用地高辛标记的探针与含有质粒的细菌菌落进行杂交的方法。在培养基上生长的菌落通过影印方法转至 N^+ 尼龙膜上，用碱处理使双链 DNA 变性后拆开，然后与 DNA 探针进行杂交，通过化学发光或化学显色技术等手段筛选出相应的菌落。

化学发光检测过程分四个步骤完成：首先使用封闭剂对杂交后的膜进行处理，以阻止抗体对膜的特异性吸引；然后加入结合有碱性磷酸酶的抗地高辛半抗原的抗体（Anti - DIG - AP），形成酶联抗体-半抗原复合物；再加入化学发光底物 CSPD 或 CDP - Star™，使其与膜上的杂交探针所结合的抗体复合物充分反应；最后在 X 射线胶片上曝光，以记录化学发光信号。

化学显色：检测过程是完成类似化学发光实验的前两个步骤，然后加入的显色底物 5 - 溴 - 4 - 氯 - 3 - 吲哚基磷酸盐（5 - bromo - 4 - chloro - 3 - indolyl phosphate，BCIP）和氯化硝基四氮唑蓝（nitrotetrazolium blue chloride，NBT），底物在酶促作用下发生反应，于数分钟内呈现蓝紫色，随时间延长，颜色逐渐变深。

【实验器材与试剂】

1. 器材

尼龙膜、恒温摇床、烤箱、培养皿、量筒、烧杯、移液管、X 射线胶片、镊子、保鲜膜、滤纸、牙签、移液枪等。

2. 试剂

(1) 含有选择性抗生素的 LB 琼脂平板：同实验 1。

(2) 10%（*m*/*V*）SDS：称取 SDS 10 g，溶于 90 mL 蒸馏水中（可加热至 68℃助溶），定容至 100 mL，分装备用。

(3) 其余试剂同实验 30［实验器材与试剂］(6)～(22)。

【实验步骤】

1. 菌落转移

(1) 在超净工作台上，准备两个含有选择性抗生素的琼脂平板。用记号笔在平板背面画约 1 cm 见方的小格，给每个小格编上号码。

(2) 在其中一个平板上放一张滤膜。

(3) 用无菌牙签将各个菌落先转移至滤膜上，再转移至未放滤膜的平板（主平板）上。按一定的格子进行接种，一个菌落应放于一个小格子的中间。每个菌落应分别接种于两个平板的相同位置上。最后在滤膜和主平板上各划一个含非重组质粒的克隆。

(4) 倒置平板，于 37℃培养至细菌菌落生长到 0.5～1.0 mm 的宽度。

(5) 用针头穿透滤膜直至平板的琼脂中，在 3 个以上的不对称位置作标记。在主平板大致相同的位置上也作上标记。

(6) 用封口膜封好平板，倒置存放于 4℃，直至获得杂交的结果。

2. 尼龙膜处理

(1) 使长有菌落的膜面向上，将滤膜放到浸有 10%(m/V)SDS 的普通滤纸上，勿使膜与纸之间有气泡，室温放置 3 min。

(2) 将滤膜移至用变性液浸透的滤纸上，室温放置 5 min。

(3) 将滤膜移至用中和液浸透的滤纸上，室温放置 5 min。

(4) 将滤膜移至 2×SSC 浸透的滤纸上，室温放置 5 min。

(5) 将滤膜置于干的滤纸上，菌落面向上，于室温至少放置 30 min 使滤膜干燥。

(6) 用两张滤纸上下包夹滤膜，在真空烘箱内 80℃干烤 2 h 以固定 DNA。

3. 探针制备

同实验 30。

4. 杂交过程

同实验 30 DNA 分子杂交。

5. 杂交信号检测

同实验 30 DNA 分子杂交。

【要点提示】

1. 严禁用手接触尼龙膜，以免影响结果。

2. 转移菌落时，必须有阳性菌落对照并做好位置标记。

3. 杂交操作时，小心操作，以避免造成污染。

【思考题】

1. 根据 X 射线胶片斑点位置判断保留的培养皿中所对应菌落是阳性菌落，如何鉴定？

2. 如果无阳性菌落出现，分析原因。

实验 32　转基因植物的 PCR 检测

【实验目的】

学习和掌握转基因植物中靶基因或靶序列的 PCR 检测原理和方法。

【实验原理】

转基因植物的 PCR 检测主要是对转化外源基因的植株进行初步检测和筛选。通常针对转基因植物进行 PCR 检测的靶基因或靶序列是转化植物表达载体中的启动子、报告基因、外源基因、选择性标记基因等。以提取的转基因植物基因组 DNA 为模板，根据所扩增的靶基因序列设计 PCR 引物和扩增程序，通过琼脂糖凝胶电泳来检测 PCR 扩增的产物。本实验主要对转化烟草植株进行选择性标记基因（NPTⅡ）的 PCR 检测。其中，烟草基因组 DNA 提取和靶基因 PCR 原理与实验 8 和实验 16 基本相同。

【实验器材与试剂】

1. 器材

PCR 仪、液氮罐、恒温水浴锅或加热块、研钵、高速低温离心机、琼脂糖凝胶电泳系统、制冰机、光照培养箱、超净工作台、微量移液枪。

2. 试剂

(1) DNA 提取液：见表 32－1。

表 32－1　DNA 提取液成分

成　　分	体　积
Tris－Cl(1 mol/L, pH 8.0)	5 mL
EDTA(0.5 mol/L, pH 8.0)	5 mL
NaCl(4 mol/L)	6.25 mL
SDS[20%(*m*/*V*)]	3.3 mL
β-巯基乙醇[2.1%(*m*/*V*)，现用现加]	1.15 mL

加水定容至 50 mL，室温保存（上述成分均以母液形式配制保存，现用现配）。

(2) 5 mol/L 的乙酸钾。

(3) 氯仿:异戊醇：同实验 1。

(4) 异丙醇。

(5) 70%(V/V)乙醇。

(6) 灭菌双蒸水(含 0.1 mg/mL RNase)。

(7) 50×TAE(或 0.5×TBE)电泳缓冲液。

(8) 1%(m/V) 琼脂糖凝胶。

(9) DNA 分子质量标准(DNA Marker)。

(10) 2×*Taq* Mix。

(11) 溴化乙锭溶液(10 mg/mL 水溶液,室温,棕色瓶或铝箔纸包装保存)。

(12) 灭菌双蒸水。

3. 材料

转基因烟草种子或转基因烟草无菌苗(经数代筛选遗传稳定的种子或植株),未转化的同一品种的烟草种子或烟草无菌苗(阴性对照用),构建的植物表达质粒载体(阳性对照用)。

4. 引物序列

本实验用引物 NPT-F 和 NPT-R 进行选择性标记基因(NPTⅡ)的 PCR 扩增,引物序列如下。

引物 NPT-F: 5′-GAT GGA TTG CAC GCA GGT TC-3′

引物 NPT-R: 5′-AAA TCT CGT GAT GGC AGG TTG G-3′

【实验步骤】

1. 烟草总 DNA 的提取(也可以按实验 16 或实验 17 中的"植物基因组 DNA 的提取"方法)

(1) 在超净工作台,分别无菌剪取转化和未转化的烟草植株幼嫩叶片 0.1~0.5 g,在液氮中充分研磨成细粉。

(2) 加入 800 μL 新鲜配制的 DNA 提取液,轻柔颠倒数次,使其全部悬浮。

(3) 置 65℃水浴温育 20 min,每 5 min 混匀 1 次。

(4) 加入 250 μL 预冷的 5 mol/L 的乙酸钾,立即混匀,置于冰上 5 min。

(5) 12 000 r/min 离心 5 min,将上清液移至另一干净离心管中,用等体积的氯仿:异戊醇抽提一次,13 000 r/min 离心 5 min。

(6) 将上清液移至另一干净离心管中,加入 0.6 倍体积的异丙醇,快速混匀 10 次以上,冰上放置 10 min。

(7) 4℃、12 000 r/min 离心 5 min,弃上清液。

(8) 用预冷的 70%(V/V)乙醇洗涤沉淀 1 次。

(9) 完全干燥后,溶于 30 μL 含 0.1 mg/mL RNase 的灭菌双蒸水中,低温保存备用。

2. 靶基因的PCR检测

将上述转基因烟草植株总DNA经适当稀释(稀释100～200倍)后作模板,以未转化的烟草植株总DNA为阴性对照,以构建的植物表达质粒DNA为阳性对照,按表中成分混匀后稍作离心(表32-2),参照以下程序进行PCR扩增。95℃预变性5 min,94℃ 50 s、58℃ 50 s、72℃ 90 s,28个循环后,72℃延伸10 min。以DNA Marker作为分子质量参照物,PCR产物以1%(m/V)琼脂糖凝胶电泳检测。

表32-2 PCR体系配制

试 剂	体 积
2×*Taq* Mix	25 μL
引物1-1(15 pmol/L)	1.5 μL
引物1-2(15 pmol/L)	1.5 μL
烟草基因组DNA	1 μL
灭菌双蒸水	21 μL
扩增体系总体积	50 μL

【要点提示】

1. 对转基因植物进行PCR检测时,应该同时做同品种未转化植株基因组DNA和重组表达质粒DNA的相应靶基因或靶序列的PCR扩增及其琼脂糖凝胶电泳检测,可以根据阴性对照、阳性对照和DNA分子质量标准(DNA marker)为共同参照,确保实验结果客观、准确。

2. 转基因植物的PCR检测仅仅是对转化植株的初步筛选和检测,还应进行相关的DNA印迹、RNA印迹和蛋白质印迹,以及生物活性和遗传稳定性检测。

【思考题】

如何保证PCR实验的特异性?

实验 33　花序浸泡法转化拟南芥及转化子的筛选

【实验目的】

1. 学习花序浸泡法转化拟南芥及转化子筛选的原理。

2. 掌握花序浸泡法转化拟南芥的技术。

【实验原理】

拟南芥(*Arabidopsis thaliana*)是典型的十字花科植物,具有生长周期短、个体形态小、易于控制生长条件、基因组小等独特的生物学性质,已成为当今植物遗传学和植物发育学研究中的模式植物,是植物分子生物学研究的重要工具。

花序浸泡法(floral dip)是目前对拟南芥进行转基因的一种普遍应用的方法。它利用根癌农杆菌(*Agrobacterium tumefaciens*)在浸染植物细胞后能将其染色体DNA之外的Ti(tumor induce)质粒上的一段DNA(T-DNA)插入被侵染细胞的基因组中并能遗传给后代的原理,用含有目的基因的农杆菌菌液浸泡拟南芥花序,当花序与农杆菌液接触时在表面活性剂作用下,农杆菌的Ti质粒能携带外源基因进入拟南芥细胞并整合到基因组中,通过对收获种子的抗性筛选可以获得转基因植株。花序浸泡法最大的优点是直接获得转化的种子,并不涉及组织培养和植株再生,可以排除组织培养中的细胞变异。

【实验器材、材料与试剂】

1. 仪器

500 mL 烧杯、50 mL 灭菌离心管、恒温培养箱、恒温摇床、冷冻离心机。

2. 材料

(1) 正在开花的拟南芥植株。

(2) 菌株:根癌农杆菌 GV 3101 菌株,内含的 Ti 质粒为 pBI 121,质粒图谱如图33-1所示。

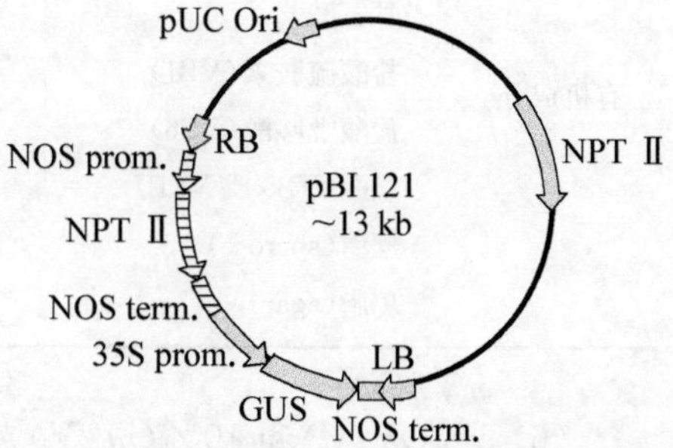

图 33-1　pBI 121 质粒图谱

3. 试剂

(1) LB 液体培养基:同实验 1。

(2) 20 mg/mL 利福平：溶于甲醇，−20℃保存。

(3) 50 mg/mL 卡那霉素：溶于无菌蒸馏水中，定容后用 0.2 μm 滤膜过滤。−20℃长期保存。

(4) 5 mg/mL 四环素：溶于乙醇。−20℃保存。

(5) MS 培养基：培养基配制(表 33－1)完毕后，应立即灭菌。培养基通常应在高压蒸汽灭菌锅内，在 120℃条件下，灭菌 20 min。经过灭菌的培养基应置于 10℃下保存，应在消毒后两周内用完。

表 33－1 MS 培养基组成

成分		相对分子质量	使用浓度/(mg/L)
大量元素	硝酸钾(KNO_3)	101.11	1 900
	硝酸铵(NH_4NO_3)	80.04	1 650
	磷酸二氢钾(KH_2PO_4)	136.09	170
	硫酸镁($MgSO_4 \cdot 7H_2O$)	246.47	370
	氯化钙($CaCl_2 \cdot 2H_2O$)	147.02	440
微量元素	碘化钾(KI)	166.01	0.83
	硼酸(H_3BO_3)	61.83	6.2
	硫酸锰($MnSO_4 \cdot 4H_2O$)	223.01	22.3
	硫酸锌($ZnSO_4 \cdot 7H_2O$)	287.54	8.6
	钼酸钠($Na_2MoO_4 \cdot 2H_2O$)	241.95	0.25
	硫酸铜($CuSO_4 \cdot 5H_2O$)	249.68	0.025
	氯化钴($CoCl_2$)	237.93	0.025
铁 盐	乙二胺四乙酸二钠(EDTA Na_2)	372.25	37.3
	硫酸亚铁[$Fe_2(SO_4)_3 \cdot 7H_2O$]	278.03	27.8
有机成分	肌醇		100
	甘氨酸		2
	盐酸硫胺素(VB1)		0.1
	盐酸吡哆醇(VB6)		0.5
	烟酸(VB5 或 VPP)		0.5
	蔗糖(sucrose)	342.31	30 g/L
	琼脂(agar)		7 g/L

(6) 5%(*m*/*V*)和 10%(*m*/*V*)蔗糖溶液。

(7) Silwet L－77。

(8) NaClO 溶液。

【实验步骤】

1. 浸染液的制备

在转化前一天将农杆菌接种于加利福平(30 mg/L)、卡那霉素(70 mg/L)和四环素(6.5 mg/L)的 LB 液体培养基中,28℃下,以 200 r/min 的转速振荡培养过夜,至对数生长期。4℃、6 000 r/min 离心 10 min,收集菌体,用 5 %(*m* /*V*)蔗糖溶液(含 0.05% Silwet L－77)重新悬浮,至 $A_{600}=0.6\sim0.8$,用作浸染液。

2. 浸染拟南芥花序

将拟南芥倒扣于盛有浸染液的容器上方,使整个花序浸泡于浸染液中[用 10%(*m* /*V*) 蔗糖作对照],轻轻摇晃约 10 min。将经过浸泡处理的植株用塑料薄膜罩盖保湿,连同培养容器横放,温室避光培养过夜。

3. 次日,移去透明塑料罩,将拟南芥植株直立放置,将水浇透。置于光照处 22～25℃条件下使其正常生长。

4. 经 2～3 周养护,拟南芥开始开花结果。当第一个果荚成熟变黄时,用纸袋套住,当纸袋内的所有果荚变黄后,停止浇水,1～2 周干燥后收获种子,干燥条件下保存,准备转化种子筛选。

5. 抗生素筛选转化植株

将收获的转基因拟南芥种子进行常规消毒:在超净工作台中置于 70%(*V*/*V*) 乙醇中 1 min,1%(有效氯含量)NaClO 溶液中 15 min,无菌水洗 5～6 次,每次 2 min。消毒好的种子撒播在含卡那霉素 50 mg/L 的 MS 培养基中,置于 22～25℃光照培养箱中,进行初步筛选。能正常生长的抗性植株有可能是转化植株。

6. 转化植株的鉴定

鉴定农杆菌转化植株的方法很多,由于 pBI 121 上带有 *GUS* 基因,可以利用 GUS 染色的方法鉴定,也可采用 PCR 法。由于 PCR 扩增检测操作简便、可靠,常采用此方法。该法首先提取抗性植株的基因组 DNA,根据目的基因设计的引物进行 PCR 扩增,扩增出目的带的即为转化子。

【要点提示】

1. 转化前一天应将需要做转化的野生型拟南芥苗浇透水,并将已出现的果荚全部剪掉,再用宽胶带把花盆的土封好,以保证植株水分充足供应。

2. 步骤 1 中用蔗糖溶液重新悬浮菌体时注意充分打碎离心管底部的菌体。

3. 步骤 2 中转化好的苗应平放于盒子内,并注意用塑料布封好。

【思考题】

1. 拟南芥作为分子生物学研究中的模式植物有哪些特性?
2. 花序浸泡法转化拟南芥的原理是什么?
3. 简单叙述花序浸泡法转化拟南芥的基本程序。

实验34 叶盘法转化烟草

【实验目的】

学习并了解叶盘法转化烟草的技术流程。

【实验原理】

土壤中的农杆菌是一种革兰氏阴性菌，能够感染植物的受伤部位。农杆菌中有一种环形的Ti质粒，Ti质粒最重要的两个区域为T-DNA区和毒性区，T-DNA区是Ti质粒上唯一能够整合到植物染色体上的序列，而毒性区则帮助T-DNA区整合到植物的染色体上。

土壤农杆菌转化植物的常用方法是叶盘法。这种转基因方法十分简单，一般是将植物的叶片切成小圆片，用农杆菌感染后共培养2～4 d，而后转移到加有选择压的分化培养基上分化出芽，在MS培养基上生根后，再生出完整的植株。

【实验器材、材料与试剂】

1. 器材

光照培养箱、恒温摇床、超净工作台、接种器械等。

2. 材料

烟草无菌苗，根癌农杆菌GV 3101菌株（内含的Ti质粒为pBI 121，质粒图谱如图33-1所示）。

3. 试剂

(1) LB培养基：同实验1。

(2) MS培养基：同实验33。

(3) 1/2 MS液体：大量元素、微量元素、铁盐、有机成分和蔗糖均为MS培养基的一半用量，不加琼脂。配好后高温高压灭菌。

(4) 50 mg/mL卡那霉素(Kan)：同实验33。

(5) 50 mg/mL羧苄西林(Cb)：溶于无菌蒸馏水中，定容后用0.2 μm滤膜过滤。-20℃长期保存。

(6) 20 mg/mL利福平(Rif)：同实验33。

(7) 5 mg/mL四环素：同实验33。

(8) 萘乙酸(NAA)。

(9) 细胞分裂素(6 - BA)。

(10) T1 培养基：MS 培养基。

(11) T2 培养基：MS 培养基，2.0 mg/L 6 - BA，0.5 mg/L NAA，100 mg/L Kan。

(12) T3 培养基：MS 培养基，100 mg/L Kan，500 mg/L Cb。

【实验步骤】

1. 农杆菌培养

(1) 从 LB 固体平板上挑取含有目的基因的单菌落，接种到 3 mL LB 液体培养基中[含利福平(30 mg/L)、卡那霉素(70 mg/L)和四环素(6.5 mg/L)]于恒温摇床上，28℃，180 r/min 振荡培养过夜，至 A_{600} 为 0.6～0.8。

(2) 摇培过夜的菌液按 1%～2%的比例，转入新配制的无抗生素的 LB 培养基中，在与上述相同的条件下培养 6 h 左右，A_{600} = 0.2～0.5 时即可用于转化。

或将按上述方法培养的 A_{600} = 0.6～0.8 的菌液，转入无菌 EP 管中，于室温条件下，5 000 r/min 离心 10 min，弃上清液，菌体用 1/2 MS 液体(pH 5.4～5.8)培养基重悬，稀释至 A_{600} = 0.2 左右，用于转化。

2. 侵染

于超净工作台上，将菌液倒入无菌的小培养皿中。取不具 Kan 抗性的烟草无菌苗的幼嫩、健壮叶片，去主脉，将叶片剪成 0.5 cm^2 的小块，放入菌液中，浸泡 5～10 min。取出叶片置于无菌滤纸上吸去附着的菌液。注：同时设未经农杆菌侵染的叶盘作为阴性对照，以下步骤同。

3. 共培养

将侵染后的烟草叶片接种在不含任何激素和抗生素的 MS 基本培养基(T1)上，用封口膜封好培养皿，28℃黑暗中培养 2～4 d。

4. 选择培养

将黑暗中共培养 2～4 d 的烟草叶片转移到筛选培养基(T2)中，用封口膜封好培养皿，在光照为 2 000～10 000 lx、25～28℃、16 h(光)/8 h(暗)光暗条件下选择培养。注：叶盘边缘轻压入培养基中，以增加选择压力。

5. 生根培养

2～3 周后，待不定芽长到 1 cm 左右时，切下不定芽并转移到生根培养基(T3)上进行生根培养，5～10 d 后长出不定根后即可转移到土中培养。

【要点提示】

本实验中，注意操作过程严格无菌，以防止无菌苗和转化体被污染。

【思考题】

1. 叶盘法转化烟草的原理是什么？
2. 本实验方法为什么叫叶盘法？
3. 本实验方法和实验 29 的方法有何不同？

实验 35　PCR 引物的电子设计

【实验目的】

学习使用软件 Primer 5.0 设计引物的方法。

【实验原理】

PCR 是分子生物学实验中重要的且广泛使用的实验方法。其中，引物设计是 PCR 实验成功的前提。PCR 引物的电子设计是利用软件，根据输入的引物设计参数（如扩增区间、PCR 产物长度、退火温度、引物 GC 含量和 3′端序列特征等）的限制，计算机根据限制条件，测算出全部的候选引物，然后对每一对引物可能出现的自身发夹结构、引物间的错配，引物和模板间的错配等进行量化评分，在综合全部因素后计算机给出最佳的引物组合，这种高通量的综合筛选方法是手工设计望尘莫及的。

【实验器材】

安装有 Primer 5.0、Adobe Acrobat 软件的计算机。

【实验步骤】

1. 打开 Primer Premier 5.0，选择 File ＞ New ＞ DNA Sequence，出现输入序列窗口，将复制的目的序列粘贴（Ctrl＋V）在输入框内，选择 As Is（图 35－1），点击"Primer"按钮（图 35－2），进入引物窗口。

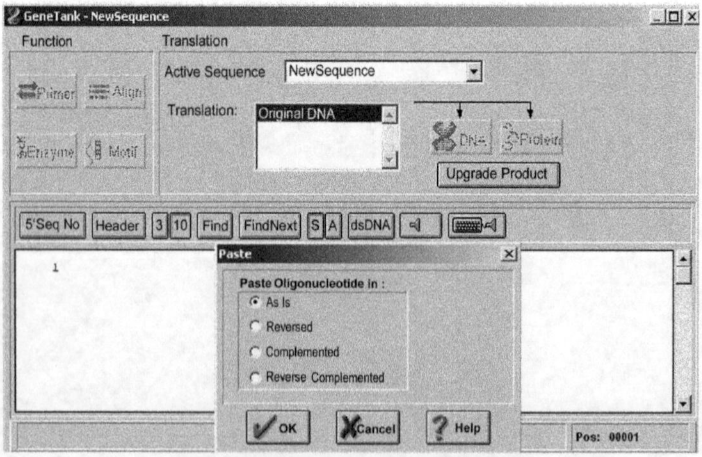

图 35－1　Primer 5.0 使用界面之一

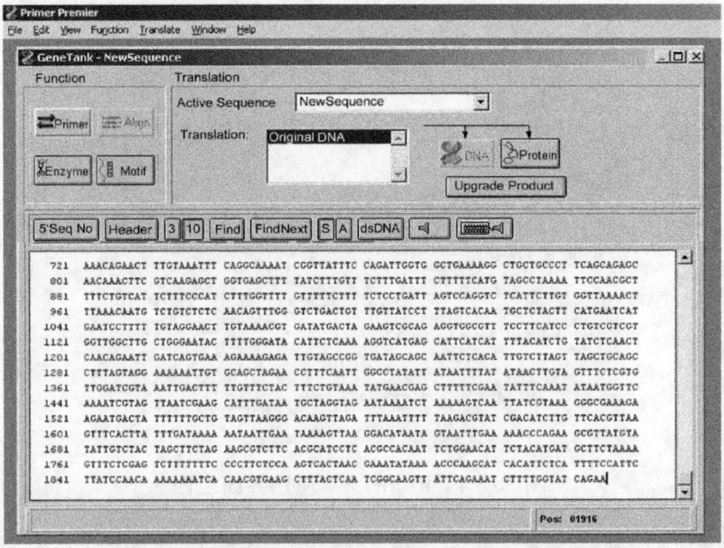

图 35-2 Primer 5.0 使用界面之二

2. 在窗口点击"Search"按钮(图 35-3),进入引物参数设置窗口(图 35-4),选择"PCR Primers"和"Pairs",设定搜索区域和引物长度及产物长度。在 Search Parameters 里面,可以设定相应参数。一般若无特殊需要,可选择默认参数。

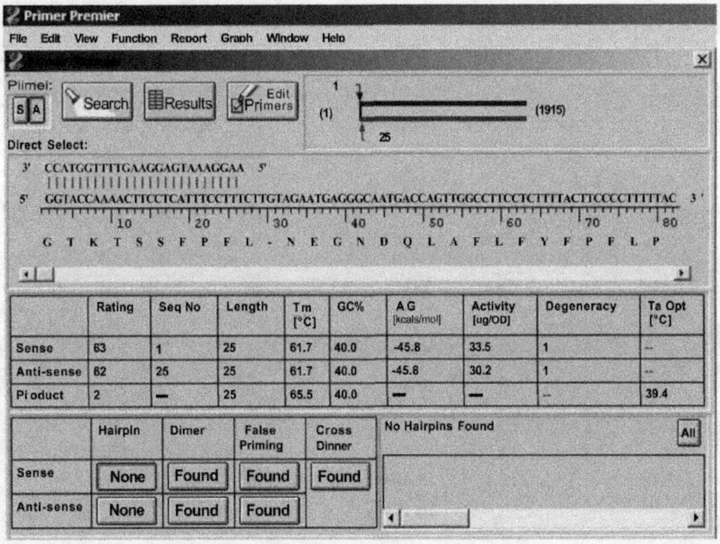

图 35-3 Primer 5.0 使用界面之三

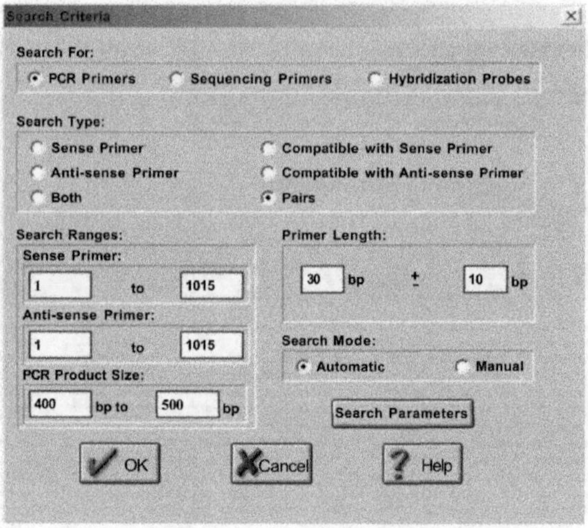

图 35-4　Primer 5.0 使用界面之四

3. 完成引物参数选择后,点击“OK”,软件即开始自动搜索引物,搜索完成后,计算机报告筛选出的候选引物总数(图 35-5),点击“OK”,进入结果窗口(图 35-6),搜索结果是按照评分(Rating)排序,点击其中任一个搜索结果,可以在“引物窗口”中(图 35-7)显示出该引物的综合情况,包括上游引物和下游引物的序列和位置,引物发卡结构,引物二聚体和错配等信息。

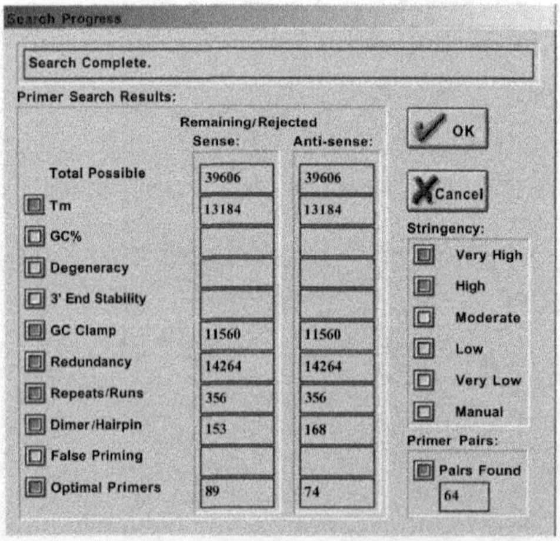

图 35-5　Primer 5.0 使用界面之五

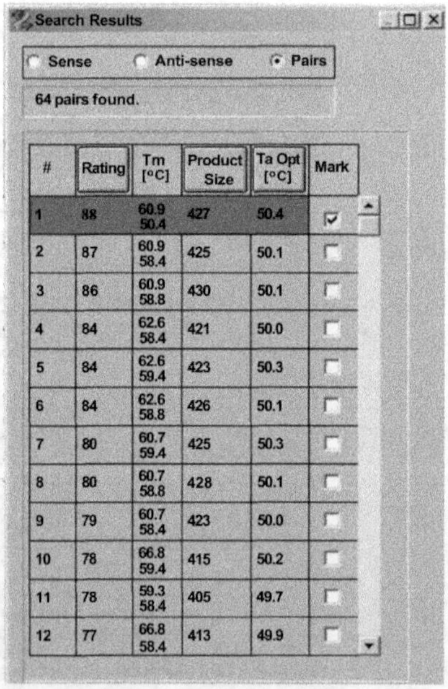

图 35-6　Primer 5.0 使用界面之六

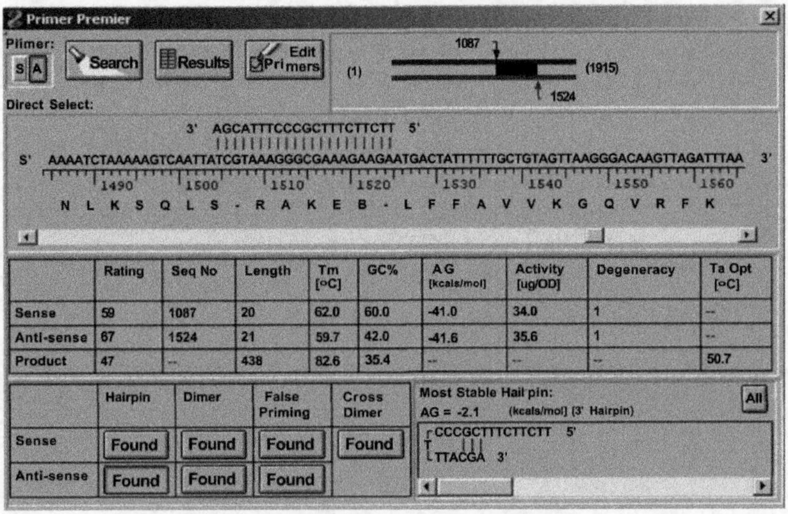

图 35－7　Primer 5.0 使用界面之七

4. 在 Primer 5.0 窗口中，选择一对合适引物，选择 File ＞ Print ＞ Current pair，使用 PDF 虚拟打印机，即可转换为 pdf 文档，该文档显示引物的详细信息。

【要点提示】

引物的设计应遵循的基本原则如下：

1. 引物长度一般在 15～30 bp 之间，常用 18～27 bp，因为过长会导致其延伸温度大于 74℃，不适于 *Taq* DNA 聚合酶进行反应。

2. 引物的 GC 含量在 40%～60%为宜，一对引物的 GC 含量尽量接近。

3. 引物 3′端注意要避开密码子的第三位，因其具有简并性；引物 3′端出现 3 个以上的连续碱基，如 GGG 或 CCC，也会使错误引发概率增加。5′端序列对 PCR 影响不太大，因此常用来引进酶切位点或标记物。

4. 引物 3′端尽量不要选择 A，因为错配概率 A ＞ G、C ＞ T。

5. 碱基要随机分布，尽量不要有聚嘌呤或聚嘧啶。

6. 引物序列的一级结构决定了 PCR 的 T_m。T_m 的计算有多种方法，粗略估算 T_m 可用公式 $T_m = 4(G + C) + 2(A + T)$。

7. 引物发夹结构也可能导致 PCR 失败。

```
┌─CCCGCTTTCTTCTT   5′
│       |||
T       |||
│       |||
└─TTACGA   3′
```

引物内形成发夹结构

8. 两引物之间不应互补，尤应避免 3′端的互补重叠，造成引物“互扩”，形成引物二聚体。

```
5′AATTGTGCAGCTAGAACCTTTCA    3′    引物间形成二聚体
                          ||||
                       3′GAAGTGCGTAGGAGTGCGGT 5′
```

【思考题】

PCR 引物手工设计和电子设计的优缺点各是什么?